教育部中等职业教育专业技能课立项教材

电 子 商 务

网页制作与维护

维护实训

WANGYE ZHIZUO YU

WEIHU SHIXUN

主 编／刘望海

副主编／朱 明 薛珊珊

杜洁莹 葛云龙

U0341394

中国人民大学出版社

·北京·

图书在版编目（CIP）数据

网页制作与维护实训/刘望海主编.—北京：中国人民大学出版社，2018.2
教育部中等职业教育专业技能课立项教材
ISBN 978-7-300-25437-1

Ⅰ.①网…　Ⅱ.①刘…　Ⅲ.①网页制作工具-中等专业学校-教材
Ⅳ.①TP393.092

中国版本图书馆 CIP 数据核字（2018）第 007801 号

教育部中等职业教育专业技能课立项教材
网页制作与维护实训
主　编　刘望海
副主编　朱　明　薛珊珊　杜洁莹　葛云龙
Wangye Zhizuo yu Weihu Shixun

出版发行	中国人民大学出版社	
社　　址	北京中关村大街 31 号	**邮政编码**　100080
电　　话	010 - 62511242（总编室）	010 - 62511770（质管部）
	010 - 82501766（邮购部）	010 - 62514148（门市部）
	010 - 62515195（发行公司）	010 - 62515275（盗版举报）
网　　址	http：//www.crup.com.cn	
	http：//www.ttrnet.com（人大教研网）	
经　　销	新华书店	
印　　刷	涿州市星河印刷有限公司	
规　　格	185 mm×260 mm　16 开本	**版　次**　2018 年 2 月第 1 版
印　　张	8.75	**印　次**　2018 年 2 月第 1 次印刷
字　　数	205 000	**定　价**　25.00 元

前　言

P r e f a c e

本书根据中职生需要掌握的职业技能特点，结合电子商务企业实际岗位的各项需求，以及电子商务高考改革思路等相关内容，通过层层递进的项目教学，使学生了解网页制作与维护的工作内容、工作性质等，从而培养学生网页制作与维护的工作能力。

本书的特点

本书经过精心策划与测试，主要有以下特色。

一、科学的知识分布

本书采用了网页的亲密接触、前导篇、基础篇、提高篇和测试篇的写法，将知识点根据读者学习的难易程度以及在实际工作中应用的顺序进行安排，真正为读者的学习考虑，以让不同读者能在学习的过程中有针对性地选择学习内容。如果把本书整个结构比作五级阶梯，那每一篇就是一级阶梯，学习完一篇就能达到该阶梯所对应的高度。

二、专业的知识体现

为了体现本书的专业性和实用性，体现知识的递进关系，本书设计了五个项目，每个项目又设计了以下五个主要栏目：

项目引言——简要介绍本项目的内容和学习目标；

任务下达——介绍任务并说明任务要求；

知识准备——描述完成任务所必须了解或掌握的知识；

小试牛刀——检测学生对所学知识的掌握程度；

项目评价——按实训标准进行自评、互评和师评，保障任务的落实。

三、清新的阅读环境

本书深入考虑读者的实际需求以及接受能力的差异性，版式设计清晰、典雅，内容安排简洁、实用，就像一位贴心的朋友、老师在您面前将枯燥的网页制作与维护的知识面对面地讲授给您。

本书的创作团队

我们编写本书的宗旨是保证每个知识点都能让读者学以致用，基于这个宗旨，参与本书编写的人员都要求在网页制作与维护教学方面具有较丰富的经验。本书的作者为刘望海、朱明、葛云龙、薛珊珊、杜洁莹等。在编写本书的过程中，他们付出了大量心血，对知识点进行了实用性、功能性的测试，在此表示感谢。

　　本书的编写得到了宁波市教育局职成教教研室、宁海县教育局等单位领导的大力支持。在本书的编写过程中，编者参考了一些书籍和电子商务网站的资料及相关的视频教程，在此一并表示衷心的感谢！

　　由于作者水平有限，其中可能存有疏漏和不足之处，恳请读者提出宝贵意见和建议。

目　录

C ontents

项目一
初识网页
——网页的亲密接触

 项目引言

设计网页并非十分复杂，但是想要设计出合理而精美的网页作品，则需要严谨的理性分析、敏锐的观察以及感性的审美与创意技巧。

信息是网站的核心，是网页设计的依据，分析和理解信息内容是网页设计的起点也是终点。色彩是网页设计的灵魂之一，是最先也是最持久地印记在浏览者脑海中的网站印象，它对形成网站风格、网站气氛等感觉性设计的作用非常大。

合理的网站布局可以带给浏览者赏心悦目的感觉，增强网站的吸引力。

根据这些要求，本项目应完成以下四个任务：

任务一　大开眼界——欣赏优秀网站；

任务二　绝佳组合——赏析网页版面布局；

任务三　精彩纷呈——赏析网页色彩搭配；

任务四　一网打尽——掌握网站设计流程。

任务一　大开眼界——欣赏优秀网站

 任务下达

在宽带网进入家庭已经成为潮流的今天，网络的发展可谓日新月异、一日千里，互联网（Internet）已经渗透社会生活的各个方面，通过 Internet，人们可以了解最新的新闻动态、气象消息和旅游信息，浏览当天的报纸，待在家里收发电子邮件、网上购物、网上炒股，到各类数字图书馆查阅资料、享受远程教育等。

在 Internet 这个庞大的互联系统中，万维网是其重要的组成部分，万维网使得浏览Internet 变得非常简单，只需用鼠标点击图标，就可以显示图文并茂的网页，网页中可以包含声音、视频、动画等，这也是万维网在 Internet 中最受欢迎、使用最多的原因。本课程的学习目标是：在能评价各类网站的基础上，让每个学生都能设计并制作一个专业且较优秀的网站。

在学习创建网站、制作网页之前，我们先浏览几个优秀的网站。

 知识准备

1. 如何上网浏览网站

先启动浏览器 Internet Explorer（简称 IE）或者 Netscape Navigator，然后在地址栏中输入相应的网址并按"回车"键，这样就能浏览该网站的首页或引导页。

问题：除了以上两款浏览器之外，还有哪些浏览器？试列举。

2. 如果不知道某个网站的网址，怎样获得该网站的网址或浏览该网站

可以利用搜索引擎网站进行搜索。方法是：先打开搜索引擎网站，然后在搜索引擎的检索框中输入你需要查询网站的相关关键词，例如"旅游""IT 教育"等。然后直接按"回车"键或单击"搜索"按钮，就会列出大量与所输入的关键词相关的网站标题条目，在所列的条目中找到所需网站的标题后双击即可打开该网站，该网站的网址也就知道了。

3. 常用的搜索引擎网站有哪些

（1）百度网：www. baidu. com；

（2）有道网：www. youdao. com；

（3）壹搜网：www. yiso. com；

（4）好搜：http：//www. haosou. com/；

（5）搜狗搜索：http：//www. sogou. com/。

 网站赏析

本任务主要欣赏五个主题网站，在以后的任务中，将具体分析如何赏析网站。

（1）电商网站：凡客诚品首页，如图 1-1 所示。

图 1-1　凡客诚品首页

（2）教育网站：中国教育在线首页，如图 1-2 所示。

图 1-2　中国教育在线首页

（3）旅游网站：携程网首页，如图 1-3 所示。

图 1-3　携程网首页

（4）博客网站：杨青的 BLOG，如图 1-4 所示。

（5）个人网站：Feng，如图 1-5 所示。

图 1-4　杨青的 BLOG

图 1-5　Feng

　小试牛刀

搜索上述五个主题的网站各一个。

任务二 绝佳组合——赏析网页版面布局

任务下达

在上一个任务中，我们已经欣赏过各类主题的网站，那么应该如何赏析网页呢？本次任务主要分析如何在版面布局方面赏析网页。

知识准备

网页布局结构知识介绍见表1-1。

表1-1 网页布局

布局分类	特征	优点、缺点	举例
"T"形布局	所谓"T"形布局，就是指页面顶部为横条（网站标志＋广告条），下方左半部分为主菜单，右半部分显示内容。因为看上去像英文字母T，所以称为"T"形布局。这是网页设计中使用最广泛的一种布局方式	这种布局的优点是页面结构清晰，主次分明，强调秩序，能给人以稳重、可依赖的感觉，是初学者最容易上手的布局方法；缺点是规矩呆板，如果在细节和色彩搭配上不注意，很容易让人"看之无味"	
"口"形布局	这是一个象形的说法，就是页面的上下各有一个广告条，左侧是主菜单，右侧是友情链接等内容，中间是主要内容	这种布局的优点是充分利用版面，信息量大，国内许多门户网站如网易、搜狐等采用的就是这种布局；缺点是页面拥挤，不够灵活	
"三"形布局	这种布局是页面上横向两条色块，将页面整体分割为三部分，色块大多放广告条	这种布局多见于国外站点，国内用得不多	

续前表

布局分类	特征	优点、缺点	举例
对称对比布局	所谓对比，不仅是利用色彩、色调等技巧来表现，在内容上也可涉及古与今、新与旧等的对比，一般用于设计型网站	优点是视觉冲击力强；缺点是将两部分有机结合比较困难	
POP布局	POP为广告术语，就是指页面布局像一张宣传海报：以一张精美图片作为页面的设计中心，在适当位置放置主菜单。这种布局方式不讲究上下左右对称，但要平衡和有韵律，能达到强调、动感、高注目性的效果，常用于时尚类网站	优点是漂亮、吸引人；缺点是速度慢	
其他布局	版面布局没有一定的规律，只是在排版布局中加入各种创意	网站布局各具特色	

网站赏析

表1-2列出了几种网页类型的实例。

表1-2	网页类型
网页	布局
	"T"形布局

续前表

网页	布局
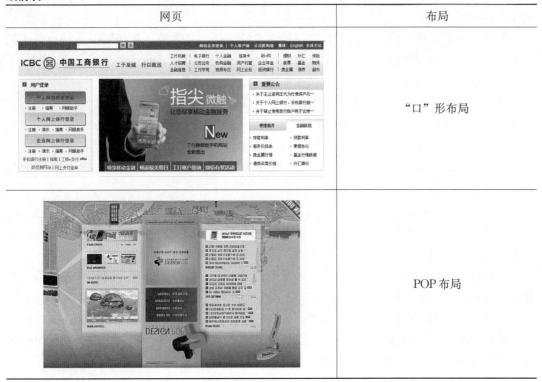	"口"形布局
	POP 布局

 小试牛刀

搜索五个网站并分析其各是什么布局。

任务三　精彩纷呈——赏析网页色彩搭配

 任务下达

在分析过各网站的版面布局之后，本次任务主要分析如何从色彩方面赏析网站。

 知识准备

1. 色彩基本概念

自然界中有很多种色彩，比如玫瑰是红色的，大海是蓝色的，橘子是橙色的……但是最基本的色彩只有三种（红、黄、蓝），其他的色彩都可以由这三种色彩调和而成。我们称这三种色彩为"三原色"。

现实生活中的色彩可以分为彩色和非彩色。其中，黑、白、灰属于非彩色系列，其他的色彩都属于彩色。任何一种彩色都具备三个特征：色相、明度和纯度。非彩色只有明度属性。

色相：指的是色彩的名称。这是色彩最基本的特征，是一种色彩区别于另一种色彩的最主要的因素。例如紫色、绿色、黄色等都代表了不同的色相。同一色相的色彩，调整一下亮度或者纯度会出现不同的色彩，例如深绿、暗绿、草绿、亮绿。

明度：也叫亮度，指的是色彩的明暗程度。明度越高，色彩越亮，例如一些购物、儿童类网站，用的就是一些鲜亮的颜色，使人感觉绚丽多姿，生机勃勃；明度越低，颜色越暗，这类色彩主要用于一些游戏类网站，给人一种神秘感。一些个人站长为了体现自身的个性，运用一些暗色调来表达个人的孤僻或者忧郁等性格。有明度差的色彩更容易调和。

纯度：指色彩的鲜艳程度。纯度高的色彩纯、鲜亮。纯度低的色彩暗淡，含灰色。

相近色：色环中相邻的三种颜色。如黄绿色、黄色和橘黄色。相近色的搭配给人的视觉效果很舒适，很自然。所以相近色在网站设计中极为常用。

互补色：色环中相对的两种色彩。如亮绿色和紫色、红色和绿色、蓝色和橙色等。互补色在网站设计中用得也很普遍。

暖色：如橙色、红色、紫色等都属于暖色系列。暖色跟黑色调和可以达到很好的效果。暖色一般应用于购物类网站、电子商务网站、儿童类网站等，用以体现商品的琳琅满目，儿童类网站的活泼、温馨等效果。

冷色：如绿色、蓝色、蓝紫色等都属于冷色系列。冷色一般跟白色调和可以达到一种很好的效果。冷色一般应用于一些高科技、游戏类网站，主要表现严肃、稳重等效果。

2. 各种颜色体现的含义

红色：代表热情、活泼、热闹、温暖、幸福、吉祥；

橙色：代表光明、华丽、兴奋、甜蜜、快乐；

黄色：代表明朗、愉快、高贵、希望；

绿色：代表新鲜、平静、和平、柔和、安逸、青春；

蓝色：代表深远、永恒、沉静、理智、诚实、寒冷；

紫色：代表优雅、高贵、魅力、自傲；

白色：代表纯洁、纯真、朴素、神圣、明快；

灰色：代表忧郁、消极、谦虚、平凡、沉默、中庸、寂寞；

黑色：代表崇高、坚实、严肃、刚健、粗莽；

3. 网页色彩搭配原则

（1）特色鲜明。一个网站的用色必须要有自己独特的风格，这样才能突出鲜明的个性，给浏览者留下深刻的印象。

（2）搭配合理。网页设计虽然属于平面设计的范畴，但它又与其他平面设计不同。它在遵从艺术规律的同时，还考虑人的生理特点，即色彩搭配一定要合理，要给人一种和谐、愉快的感觉；避免采用纯度很高的单一色彩，这样容易造成视觉疲劳。

（3）讲究艺术性。网站设计也是一种艺术活动，因此它必须遵循艺术规律。即在考虑网站本身特点的同时，可按照内容决定形式的原则，大胆进行艺术创新，设计出既符合网站要求，又有一定艺术特色的网站。

4. 网页色彩搭配技巧

（1）使用单色。尽管网站设计要避免采用单一色彩，以免产生单调的感觉，但通过调整色彩的饱和度和透明度也可以产生一定变化，使网站避免显得单调。

（2）使用邻近色。邻近色是指在色带上相邻近的颜色，如绿色和蓝色，红色和黄色就互为邻近色。采用邻近色设计网页可以使网页避免色彩杂乱，易于达到页面的和谐统一。

（3）使用对比色。看到对比色是人的视觉感官所产生的一种生理现象，是视网膜对色彩的平衡作用。在色相环中，每一个颜色对面（180 度对角）的颜色称为对比色。把对比色放在一起，会给人强烈的排斥感。若混合在一起，则会调出浑浊的颜色。例如，红与绿、蓝与橙、黄与紫就互为对比色。

对比色可以突出重点，产生了强烈的视觉效果，通过合理使用对比色能够使网站特色鲜明、重点突出。在设计时一般以一种颜色为主色调，对比色作为点缀，能起到画龙点睛的作用。

（4）使用黑色。黑色是一种特殊的颜色，如果使用恰当，设计合理，往往会产生强烈的艺术效果。黑色一般用来做背景色，与其他纯度色彩搭配使用。

（5）使用背景色。背景色一般采用素淡清雅的色彩，避免采用花纹复杂的图片和纯度很高的色彩作为背景色，同时背景色要与文字的色彩对比强烈一些。

（6）色彩的数量。一般初学者在设计网页时往往使用多种颜色，使网页变得很"花"，缺乏统一和协调，表面上看起来很花哨，但缺乏内在的美感。事实上，网站用色并不是越多越好，一般控制在三种色彩以内，同时通过调整色彩的各种属性来产生变化。

网站赏析

表 1-3 对几个网页实例进行了色彩分析。

表 1-3　　　　　　　　　　网页色彩分析

网页	色彩特征及含义
	该网页的底色是白色，色彩搭配主要是绿色、黄色与白色，非常有青春活力，很适合教育类网站，用户看到后会感觉很有朝气，从而激发学习的热情

续前表

网页	色彩特征及含义
	该网页是一个旅游类网页，明快的白底上，搭配蓝色、粉色，使人感觉很轻松、愉快，很适合旅游者的心情
	该网页的底色是白色，色彩搭配主要是梅红色与白色，色彩比较娇艳可人，极容易引起女性用户的关注

 小试牛刀

搜索五个网站，分析它们的色彩特征，以及其所表达的设计者的思想。

任务四　一网打尽——掌握网站设计流程

 任务下达

前几个任务中，我们赏析了各类网站，并介绍了一些网站设计的基础知识，现在该考虑自己动手设计网页了，到底该如何设计呢？本次任务将学习网站设计流程。

 知识准备

网站设计流程如下所述。

1. 决定网站的主题和名称

设计一个站点，首先遇到的问题就是定位网站主题。一个网站必须要有一个明确的主题。特别是个人网站，不可能像综合网站那样做得内容多而全、包罗万象。所以必须找一个自己最感兴趣的内容，做深、做透，办出自己的特色，这样才能给用户留下深刻的印象。

2. 确定网站栏目

在确定网站主题后，接下来要画出网站的设计草图，在草图中设计好网站的栏目。

栏目的实质是一个网站的内容索引。索引应该将网站的主题明确显示出来。在制定栏目的时候，要仔细考虑、合理安排。网站栏目一定要紧扣网站的主题，一般的做法是：将主题按一定的方法分类，并将它们作为网站的主栏目。如图 1-6 所示。

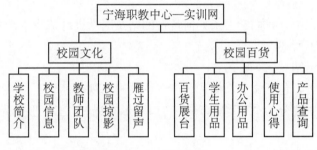

图 1-6 网站栏目

3. 确定网站整体风格

一个网站就是一个作品，必须具有自己的风格。而网站风格对网站的整体形象、传播效果等都会产生重要影响。如何设计出既有吸引力又能体现网站特色的特定形象，成为网站设计者最应注重的事情。网站风格涉及以下几个方面，而每一项之间都是有关联性的。

（1）色彩：网页的底色、文字字形、图片的色系、颜色等；

（2）版面：版面布局，如表格和框架的应用、文字缩排、段落等；

（3）窗口：窗口效果，如全屏幕窗口、特效窗口等；

（4）程序：网页互动程序；

（5）特效：让网页看起来生动活泼的各种应用；

（6）架构：目录规划、层次浅显易懂、单选应用等；

（7）内容：网站主题、整体实用性、文件关联性、内容契合度、是否有不必要的档案等；

（8）走向：网站的未来规划、整体内容的走向等。

4. 规划网站的目录结构和链接结构

在设计草图上设计好网站栏目并确定了网站的风格后，就要根据它来创建网站的基本框架。

5. 首页设计

首页设计的质量是一个网站成功与否的关键。能否促使浏览者继续点击进入，能否吸引浏览者留在站点上，与首页设计的好坏有很大关系。所以，一般首页设计的时间会占整个设计时间的 40%。

首页从根本上说就是全站内容的目录，是一个索引。但只罗列目录显然是不够的。如何设计好一个首页呢？一般步骤如下：

（1）确定首页的功能模块；

（2）设计首页的版面。

小试牛刀

根据前几次课的学习，请写出设计一个实训网站的步骤。网站主题自拟。

项目总结

在实施项目过程中，我们学习了如何赏析网站及网站设计流程，涉及的知识内容与应掌握的技能具体如下所述：

（1）能搜索目标网页。

（2）能保存网页，包括文字、图片、声音、动画、视频。

（3）网页布局主要分为"T"形布局、"口"形布局、"三"形布局、对称对比布局、POP布局、其他布局。

（4）能分析网页布局。

（5）能分析网页色彩特征。

（6）能分析网页设计技巧——使用单色、使用邻近色、使用对比色、使用黑色、使用背景色、色彩的数量。

（7）熟悉网站设计的流程。

挑战自我

设计一个主题网站，包括主题、栏目的选择及首页的设计（手绘首页草图）。

项目评价

任务评价表

评价项目	完成情况	
能完成规定网页的查询	□ 是	□ 否
能正确分析网页的布局结构	□ 是	□ 否
能正确分析网页的色彩构成规则	□ 是	□ 否
能分析网页的优、缺点	□ 是	□ 否
首页设计有特色	□ 是	□ 否

项目二
准备工作"拉练"
——宁海职教中心实训网之前导篇

 项目引言

为扩大"宁海职教中心"电子商务的实训、实践特色，电子商务技能团队需要根据本实训的经营项目制作一个实训网站。请根据本实训销售的各个产品制作一个实训网站，网站要能方便、快捷地反映出各种产品的特点。

根据企划部提供的一系列信息，利用 Dreamweaver 8 网页编辑软件，设计并制作一个文具实训网站。本项目主要完成以下三个任务：

任务一　熟悉新环境——认识 Dreamweaver 8；

任务二　开辟新天地——管理站点；

任务三　抓住你的眼球——设计首页。

任务一　熟悉新环境——认识 Dreamweaver 8

 任务下达

最初接触 Dreamweaver 8 可能让你觉得枯燥乏味，不过，"工欲善其事，必先利其器"，让我们一起来了解 Dreamweaver 8 的操作环境吧。

 知识准备

1. Dreamweaver 8 概况

Dreamweaver 8 是美国 Macromedia 公司开发的集网页制作和网站管理于一身且所见即所得的网页编辑器，它是第一套针对专业网页设计师而开发的视觉化网页开发工具，利用它可以轻而易举地制作出跨平台和跨浏览器的充满动感的网页。

2. 网页编辑器的发展过程

随着互联网的家喻户晓、HTML 技术的不断发展和完善，产生了众多网页编辑器，按基本性质网页编辑器可以分为所见即所得网页编辑器和非所见即所得网页编辑器（即原始代码编辑器），两者各有千秋。所见即所得网页编辑器的优点是具有直观性，使用方便，容易上手，甚至不会感到在所见即所得网页编辑器中进行网页制作和在 Word 中进行文本编辑有太大的区别。

3. Dreamweaver 8 的特点

最佳的制作效率、完善的网站管理功能、无可比拟的控制能力。

4. Dreamweaver 8 新增功能

Dreamweaver 8 新增 18 个功能：可视化操作 XML 数据、统一 CSS 面板、CSS 可视化布局、样式渲染工具条、增强 XML 编辑与验证、增强基于 CSS 设计的渲染、增强整合的 Accessibility 参考、更多预建的 Accessibility 设计与模板、增强动态跨浏览器验证、增强手机内容创作能力、放大功能、导引线、编码工具条、代码折叠、文件比较功能、编码功能改进、支持 WebDAV、插入 FLASH 视频。

 实践向导

Dreamweaver 8 的操作环境如下：

在首次启动 Dreamweaver 8 时会出现一个"工作区设置"对话框，在对话框左侧是 Dreamweaver 8 的设计视图，右侧是 Dreamweaver 8 的代码视图。Dreamweaver 8 的设计视图布局提供了一个将全部元素置于一个窗口中的集成布局。我们选择面向设计者的设计视图布局。

在 Dreamweaver 8 中，首先会显示一个起始页，可以勾选这个窗口下面的"不再显示此对话框"来隐藏它。这个页面包括"打开最近项目""创建新项目""从范例创建"三个方便实用的项目。

新建或打开一个文档，进入 Dreamweaver 8 的标准工作界面。Dreamweaver 8 的标准工作界面包括：标题栏、菜单栏、插入栏、文档栏、文档窗口、状态栏、属性栏和文件面板等，如图 2－1 所示。

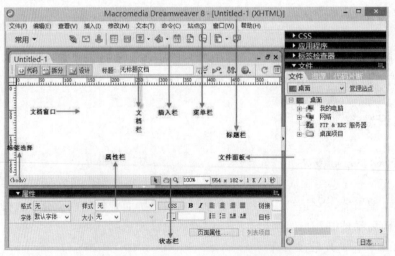

图 2－1　Dreamweaver 8 的标准工作界面

注意　Dreamweaver 8 的标准工作界面与 Macromedia 公司其他产品的工作界面很相似。

（1）标题显示栏。启动 Dreamweaver 8 后，标题栏将显示文字 Macromedia Dreamweaver 8，新建或打开一个文档后，在后面还会显示该文档所在的位置和文件名称，如图 2-2 所示。

图 2-2　标题栏

（2）菜单栏。Dreamweaver 8 的菜单共有 10 个，即文件、编辑、查看、插入、修改、文本、命令、站点、窗口和帮助，如图 2-3 所示。其中，编辑菜单里提供了对 Dreamweaver 8 菜单中【首选参数】的访问。

文件(F)　编辑(E)　查看(V)　插入(I)　修改(M)　文本(T)　命令(C)　站点(S)　窗口(W)　帮助(H)

图 2-3　菜单栏

文件：用来管理文件，如新建、打开、保存、另存为、导入、输出打印等；
编辑：用来编辑文本，如剪切、复制、粘贴、查找、替换和参数设置等；
查看：用来切换视图模式以及显示、隐藏标尺、网格线等；
插入：用来插入各种元素，如图片、多媒体组件、表格、框架及超级链等；
修改：具有对页面元素修改的功能，如插入表格，拆分、合并单元格，对齐对象等；
文本：用来对文本进行操作，如设置文本格式等；
命令：所有的附加命令项；
站点：用来创建和管理站点；
窗口：用来显示和隐藏控制面板以及切换文档窗口；
帮助：联机帮助功能，例如按下 F1 键，就会打开电子帮助文本。

　注意　在学习过程中，应尽可能通过按下 F1 键获得帮助。Dreamweaver 8 的很多功能都能在"帮助"中找到。

（3）插入栏。插入栏集成了所有可以在网页应用的对象，包括"插入"菜单中的选项。插入栏其实就是图像化了的插入指令，通过一个个按钮，可以很容易地加入图像、声音、多媒体动画、表格、图层、框架、表单、Flash 和 ActiveX 等网页元素，如图 2-4 所示。

图2-4 插入栏

（4）文档栏。文档栏包含各种按钮，它们提供各种文档窗口视图（如"设计"视图和"代码"视图）的选项、各种查看选项和一些常用操作（如在浏览器中预览），如图2-5所示。

图2-5 文档栏

（5）"标准"工具栏。"标准"工具栏包含来自"文件"和"编辑"菜单中的一般操作按钮："新建""打开""保存""保存全部""剪切""复制""粘贴""撤销"和"重做"，如图2-6所示。

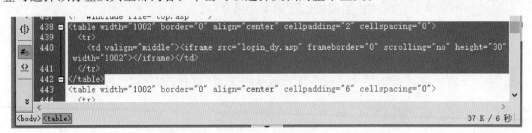

图2-6 "标准"工具栏

（6）文档窗口。打开或创建一个项目，进入文档窗口，就可以在文档区域中进行输入文字、插入表格和编辑图片等操作。文档窗口显示当前文档。可以选择下列任一视图："设计"视图是一个用于可视化页面布局、可视化编辑和快速应用程序开发的设计环境，在该视图中，Dreamweaver 8 显示文档的完全可编辑的可视化表示形式，类似于在浏览器中查看页面时看到的内容；"代码"视图是一个用于编写和编辑 HTML、JavaScript、服务器语言代码以及任何其他类型代码的手工编码环境；"代码和设计"视图可以让我们在单个窗口中同时看到同一文档的"代码"视图和"设计"视图。

（7）状态栏。文档窗口底部的状态栏提供与正创建的文档有关的其他信息，如图2-7所示。标签选择器显示环绕当前选定内容的标签的层次结构。单击该层次结构中的任何标签可选择该标签及其全部内容。单击可以选择文档的整个正文。

图2-7 状态栏

（8）属性栏。属性栏并不是将所有的属性加载在面板上，而是根据选择的对象动态显示对象的属性。属性栏的状态完全由当前在文档中选择的对象来确定，如图2-8所示。例如，当前选择了一幅图像，那么属性栏上就会出现该图像的相关属性；如果选择了表格，那么属性栏上的内容则会相应地变化成表格的相关属性。

图2-8 属性栏

（9）浮动面板。其他面板可以统称为浮动面板，这些面板都浮动于编辑窗口之外。在初次使用 Dreamweaver 8 的时候，这些面板根据功能被分成了若干组。在窗口菜单中，选择不同的命令可以打开基本面板组、设计面板组、代码面板组、应用程序面板组、资源面板组和其他面板组。

小试牛刀

请打开 Dreamweaver 8，新建一个页面并说出页面中各元素。

任务二 开辟新天地——管理站点

任务下达

用户设计的网页和相关素材，一般都要求放在同一个文件夹内，这样方便对网站进行维护和管理。特别是将网站发布到服务器上，这点尤为重要，建立站点的目的也在于此。因此，用户在用 Dreamweaver 8 软件设计网页前，应先将站点建立好，同时将做好的网页全部保存在此站点内。

知识准备

（1）创建网站，其实就是绑定一个文件夹。

（2）通过站点的相关功能，可创建空白网页和各网页间的相互关系，与网页相关的素材可自动保存至站点文件夹内。

实践向导

新建站点：

（1）打开 Dreamweaver 8，选择"站点"菜单下的"新建站点"命令，如图2-9所示。

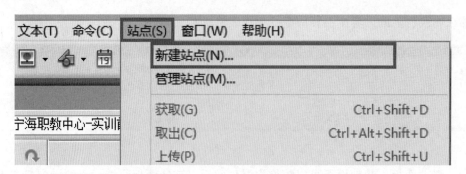

图 2 - 9 选择"新建站点"命令

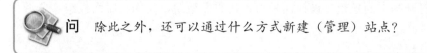

问 除此之外，还可以通过什么方式新建（管理）站点？

（2）在弹出的对话框中，选择"基本"标签，在"您打算为您的站点起什么名字？"下的文本框中输入本站点名字——宁海职教中心—实训网。单击"下一步"按钮，如图 2 - 10所示。

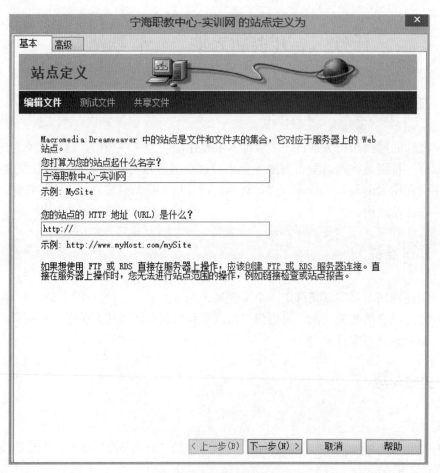

图 2 - 10 为站点命名

（3）弹出对话框，询问是否打算使用服务器技术，有 ColdFusion、ASP. NET、ASP、JSP 或 PHP 等，这里我们选择"否，我不想使用服务器技术。"并单击"下一步"按钮，如图 2-11 所示。

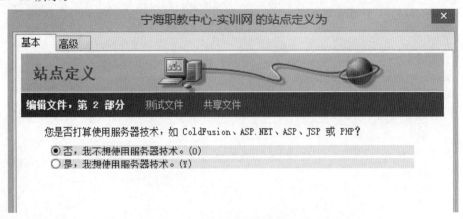

图 2-11 选择是否使用服务器技术

（4）在弹出的对话框中，询问是否在服务器上编辑，我们选择"编辑我的计算机上的本地副本，完成后再上传到服务器（推荐）"。在"您将把文件存储在计算机上的什么位置?"下的文本框中输入站点位置，或使用文本框后的按钮选择合适路径。单击"下一步"按钮，如图 2-12 所示。

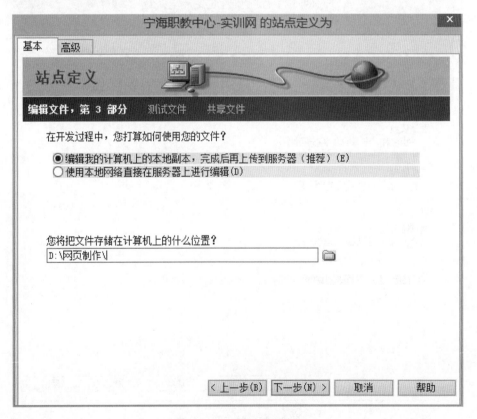

图 2-12 确定站点路径

（5）在弹出的对话框中，询问如何连接到远程服务器，选择"无"。单击"下一步"按钮，如图 2 - 13 所示。

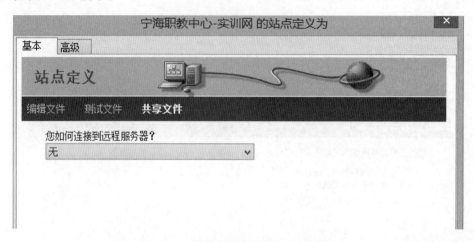

图 2 - 13　选择如何连接到远程服务器

（6）在弹出的对话框中有站点定义的总结，显示了站点建立过程中涉及的各种信息，用户应仔细检查，如有异议则单击"上一步"按钮重新定义，如无异议，则单击"完成"按钮，如图 2 - 14 所示。

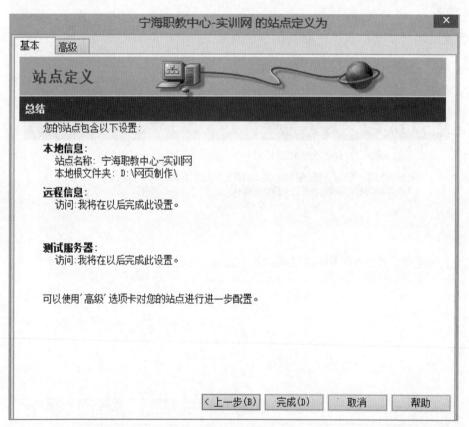

图 2 - 14　站点定义总结

（7）此时编辑区右侧"文件"面板下的"文件"标签下的站点名已改为"宁海职教中心—实训网"，但是站点为空。我们可以通过站点面板来新建网页文件和文件夹，如图2-15所示。

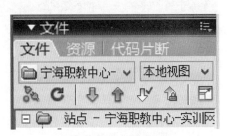

图2-15　站点面板

（8）将鼠标指向站点面板空白处并单击鼠标右键，在弹出的命令中，选择"新建文件"命令，如图2-16所示。

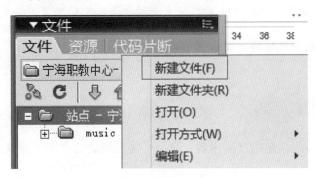

图2-16　新建网页文件

（9）此时，站点面板内出现一个网页文件，我们将其重命名为"index.html"，如图2-17所示。

图2-17　重命名网页文件

（10）新建站点文件夹，本站点中涉及的素材有图片类、音乐类、视频类，所以建立三个文件夹"images""music""movies"。将鼠标指向站点面板空白处并单击鼠标右键，在弹出的命令中，选择"新建文件夹"命令，并将其分别重命名为"images""music""movies"，如图2-18所示。

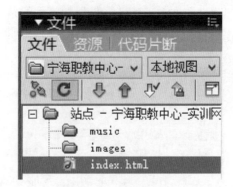

图 2-18　新建文件夹

至此，站点建立完毕。

> **注意**　新建第二个文件夹时，将鼠标指向面板中的网页文件或根目录并右击。
>
> 同学们可尝试将鼠标指向面板空白处右击，看看会有什么效果。

小试牛刀

请根据上述所讲的新建站点的步骤，建一个实训网站站点，主题自定。

任务三　抓住你的眼球——设计首页

任务下达

网站的站点像是一个"柜子"，网页就是"柜子"上的一个个"抽屉"，前面已完成了"柜子"的建设，现在要开始建设"抽屉"。本任务主要是利用 Dreamweaver 8 软件设计网站首页。首页是网站的"脸面"，其设计的效果直接影响用户是否有兴趣继续浏览该网站，所以，首页的设计非常重要。

知识准备

1. 常见事件

OnLoad：载入；onFocus：获取焦点；onMouseDown：按下鼠标。

2. 表格

表格是网页中用来定位内容的工具。表格在网页的整体布局中是使用最广泛的，也是最常见的，相对于"层"来说，更为灵活。

3. 层

层也是网页中用来定位内容的工具。层如同含有文本、图片、表格、插件等元素的胶片，一张张按顺序叠在一起，组合起来形成页面的最终效果。层作为一个方便有效的工具，其广泛应用于网页设计的各个方面。

实践向导

1. 页面属性设置

（1）双击"文件"面板下的"index. html"文件，对首页进行编辑。

（2）单击编辑区下方"属性"面板内的"页面属性"按钮，如图 2-19 所示。

图 2-19　"属性"面板

（3）弹出"页面属性"对话框。属性分为五类：外观、链接、标题、标题/编码、跟踪图像，如图 2-20 所示。

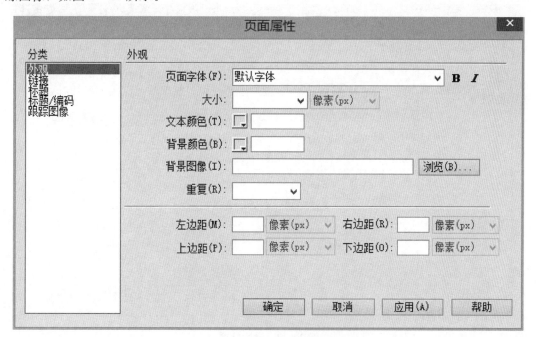

图 2-20　"页面属性"对话框

（4）选择"外观"类，设置首页背景图像，可单击文本框后的"浏览"按钮，选择所需图片，并将左边距和上边距分别设为"0"像素，如图 2-21 所示。

（5）设置首页标题。选择"页面属性"内的"标题/编码"类，在标题后的文本框中输入首页标题"宁海职教中心—实训网"，如图 2-22 所示。

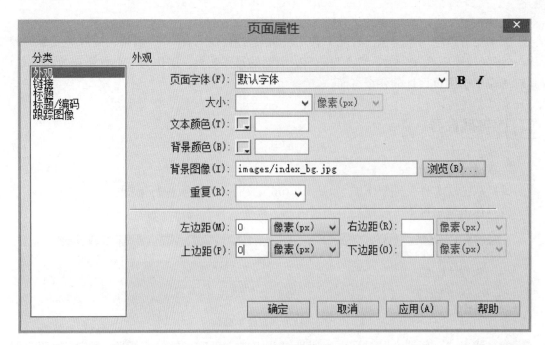

图 2 - 21　设置外观属性

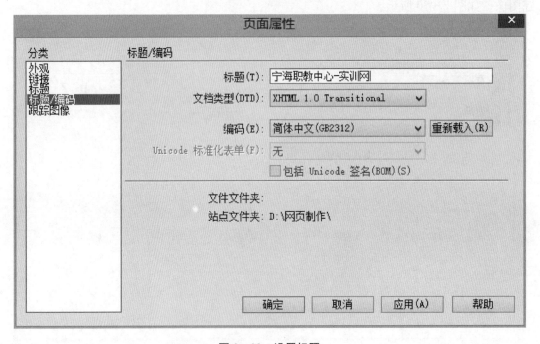

图 2 - 22　设置标题

2．添加背景音乐

（1）添加背景音乐。单击"行为"面板下的"添加行为"按钮，在弹出的行为中选择"播放声音"，如图 2 - 23 所示。

（2）在弹出的"播放声音"对话框中选择背景音乐。单击"确定"按钮，如图 2 - 24 所示。此时，在"行为"面板中就多了一个"播放声音"行为。

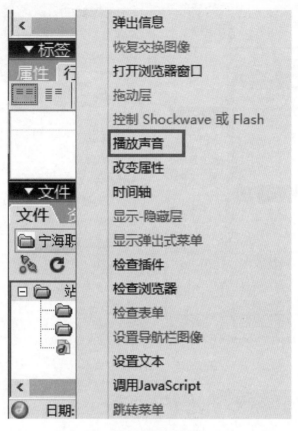

图 2 – 23 添加背景音乐

图 2 – 24 选择背景音乐

3. 添加状态栏文本

（1）添加状态栏文本。使用"设置文本"行为下的"设置状态栏文本"，如图 2 – 25 所示。

（2）在弹出的"设置状态栏文本"对话框中输入"欢迎报考全国重点职高——宁海职教中心"，单击"确定"按钮，如图 2 – 26 所示。

（3）此时，"行为"面板中多了一个"设置状态栏文本"行为，但事件为"onMouseOver"，不符合页面要求，单击该事件，即出现下拉按钮，单击下拉按钮，在下拉列表中选择"onLoad"事件，如图 2 – 27 所示。

4. 页面内容添加

（1）单击菜单"插入"→"布局对象"→"层"，如图 2 – 28 所示。

图 2-25　添加状态栏文本

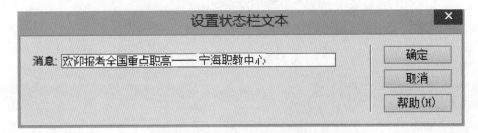

图 2-26　输入状态栏文本

图 2-27　重设显示状态栏文本事件

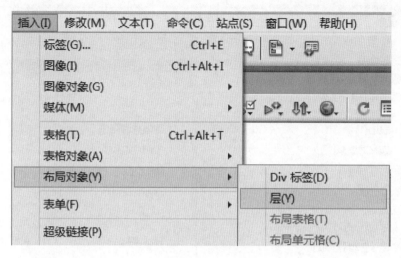

图 2-28　插入层

> **注意**　为了让用户能更好地编辑、修改网页，图层名最好重命名为容易理解的名字。如果层很少，很容易理解，则不一定要重命名。

（2）此时在"层"面板内看到"Layer1"，拖动"Layer1"层至图 2-29 所示的位置。

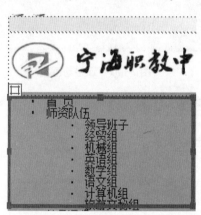

图 2-29　拖动"Layer1"层

（3）光标定位至层"Layer1"内，选择菜单"插入"→"媒体"→"Flash"，如图 2-30 所示。

（4）在打开的对话框中，选择合适的动画，在此选择柳絮飘落的效果。这里请注意：该动画有蓝色背景，下面会详细解释如何将背景改为透明状。拖动动画，将其大小调为如图 2-31 所示的样子。

（5）单击"属性"面板中的"播放"按钮，则会看到该动画的播放效果，但动画的背景很不合适，现在要介绍如何将动画的背景调为透明状。选择动画，单击"属性"面板中的"参数"按钮，如 2-32 所示。

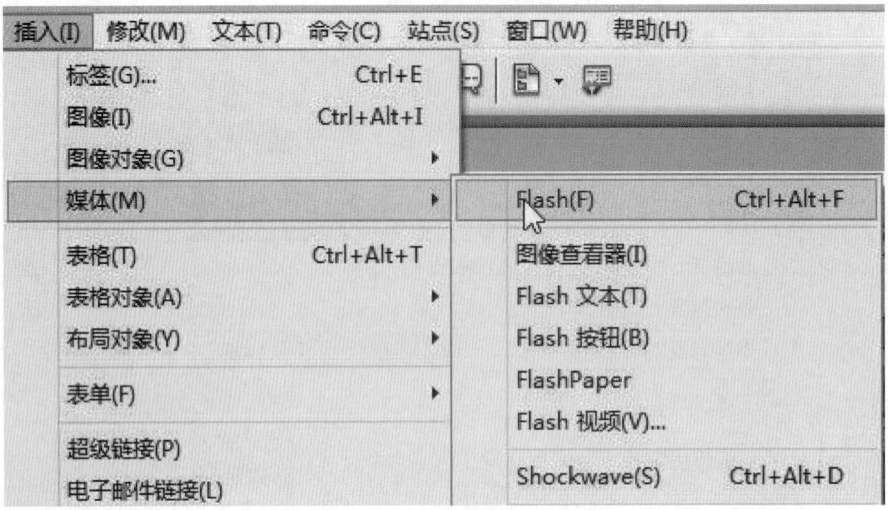

图 2-30 插入 Flash 动画

图 2-31 调整动画

图 2-32 单击"参数"按钮

（6）打开"参数"对话柜，添加背景参数"wmode"，将其设为透明"transparent"，单击"确定"按钮即可，如图 2-33 所示。

图 2-33 添加参数

（7）单击"Layerl"层左侧的眼睛，将该层设为隐藏，如图 2 - 34 所示。

（8）插入层"Layer2"。光标定位至层"Layer2"内。选择菜单"插入"→"表格"，如图 2 - 35 所示。

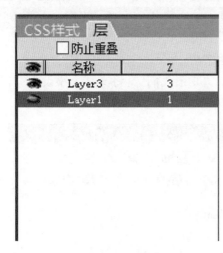

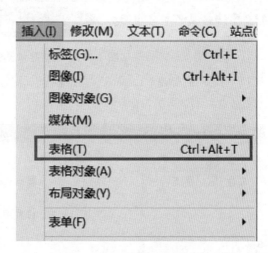

图 2 - 34　隐藏层　　　　　　　　　　　图 2 - 35　插入表格

（9）打开"表格"对话框，将行数、列数分别设为 3、1，单击"确定"按钮即可，如图 2 - 36 所示。

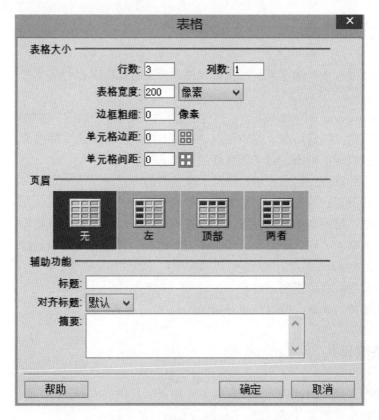

图 2 - 36　设置表格行数、列数

（10）光标定位至表格第一行和第三行内，分别插入两张图片。调整层"Layer2"和表格的大小、位置，如图 2-37 所示。

图 2-37　调整层和表格的大小、位置

（11）找到插入层"Layer3"，在层内输入文字"联系我们"。将文字大小设为"12"，颜色设为"♯AF3937"，如图 2-38 所示。

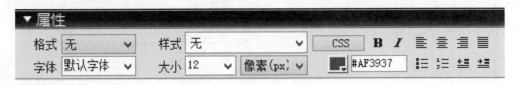

图 2-38　设置层"Layer3"

小试牛刀

请建立一个实训网站首页。

项目总结

在实施项目过程中，学习了网页编辑软件，涉及的知识内容与应掌握的技能具体如下所述：

（1）Dreamweaver 8 的基本概念：属性、表格、单元格、层等。

（2）站点编辑：新建站点、编辑站点、在站点内添加文件或文件夹等。

（3）属性的设置：页面、背景等属性的设置。

（4）层面板的设置：层的显示、隐藏、默认等的设置。

（5）行为的设置：添加行为、修改行为等的设置。

（6）编辑层：层的宽和高的设置、层位置的确定、层的显示或隐藏等。

（7）编辑表格：行列和单元格以及工作表的选择、行列的增加与删除、行高列宽的调整等。

（8）参数设置：背景透明的设置等。

（9）插入图片、动画，并对其进行编辑。

挑战自我

制作一个个人网站的首页，至少包括五个栏目。具体要求有：

（1）主题鲜明，图文并茂。

（2）色彩搭配得当。

（3）内容充实。

（4）自己收集文档资料。

 ## 项目评价

针对提交的网站，填写任务评价表。

任务评价表

项目名称：网站			制作者姓名		
项　目		评 价 内 容	得　分		
			自评	组评	师评
制作90分	基本操作	1. 设计思路清晰、层次分明、逻辑合理 □优秀　□良好　□一般　□差			
		2. 页面设计色调和谐 □优秀　□良好　□一般　□差			
		3. 图片、动画、文字切合主题 □优秀　□良好　□一般　□差			
		4. 色彩选配方案恰当 □优秀　□良好　□一般　□差			
		5. 设计新颖、富有创意 □优秀　□良好　□一般　□差			
		6. 具有良好的人机界面和视觉效果 □优秀　□良好　□一般　□差			
		7. 主题突出、积极向上 □优秀　□良好　□一般　□差			
		8. 首页设有导航栏 □优秀　□良好　□一般　□差			
		9. 导航设计科学、合理 □优秀　□良好　□一般　□差			
合　作10　分		10. 每个人都有具体的任务，配合默契，互相帮助 □优秀　□良好　□一般　□差			
总 计 得 分					

项目三
领略实训文化
——宁海职教中心实训网之基础篇

 项目引言

根据企划部的分工，本项目需要宣传实训文化。希望通过该项目，让更多的用户更好地领略宁海职教中心的实训文化，请根据本中心实训文化的各个方面进行介绍，要求网站能体现出实训文化的气息。

根据企划部提供的一系列信息，利用 Dreamweaver 8 网页编辑软件，设计并制作实训网站。本项目主要应完成以下六个任务：

任务一　初识妙招——设计"学校简介"；

任务二　先睹为快——设计"校园新闻"；

任务三　见识金牌——设计"团队介绍"；

任务四　文化底蕴——设计"校园风景"；

任务五　沟通你我——设计"雁过留声"；

任务六　来去自如——建立各页面间的链接。

任务一　初识妙招——设计"学校简介"

 任务下达

前面已分好任务，下面从第一个任务开始着手。本任务主要是创建"学校简介"页面，目的是简单介绍"宁海职教中心"，从宏观上介绍"宁海职教中心"实训文化。

 知识准备

1. CSS

CSS 的全称是 Cascading Style Sheet，中文译作层叠样式表（简称样式表），通过对一个或数个 CSS 文件的控制可实现对整个网站页面格式、版面的控制，该技术大大简化了大型网站的代码长度。

2. 版面设计注意事项

设计版面时，页面内容要与背景图片和谐统一。

3. 链接方法

可以通过文件间的链接或热区显示/隐藏层完成。读者可根据自己的实际情况而定。

 实践向导

1. 页面属性设置

（1）设置背景图像，并将页面左边距、上边距分别设为"0"。如图 3-1 所示。

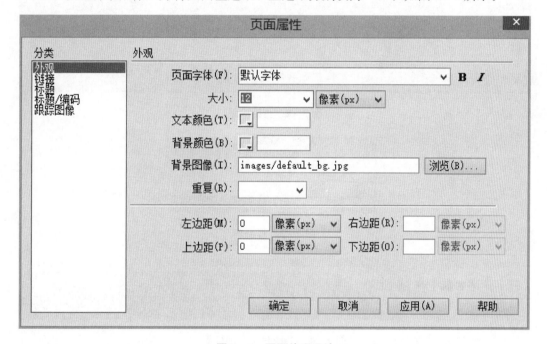

图 3-1 页面外观设计

（2）设置页面标题为"宁海职教中心—实训网"，如图 3-2 所示。

2. 制作导航

（1）"插入"→"新层"，双击层名称，将其重命名为"daohang"，如图 3-3 所示。

（2）光标定位至"daohang"层，插入图片，并将该层拖至 LOGO 图标下方，如图 3-4 所示。

3. 编辑"校园简介"

（1）新建一层，重命名为"xyjj"，如图 3-5 所示。

（2）为了使层与背景相吻合，以及层内素材布局相协调，拖动层"xyjj"的位置及大小至如图 3-6 所示的情况。

（3）根据布局，整个层"xyjj"分为三部分，故在层内插入一个 1 行 3 列的表格。表

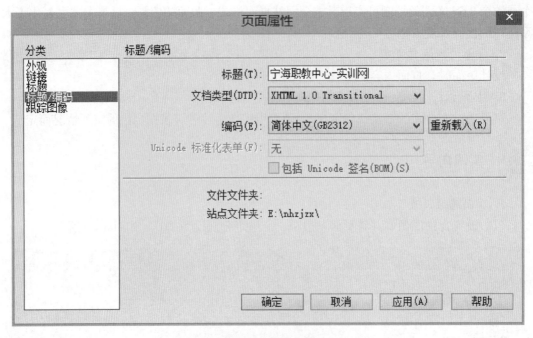

图 3-2 页面标题

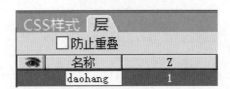

图 3-3 重命层

图 3-4 "daohang"层位置

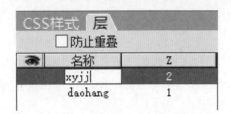

图 3-5 新建层"xyjj"

格大小及位置如图 3-7 所示。

（4）根据左边单元格内的内容，将左边单元格拆分为 10 行。光标定位至左边单元格内，单击"属性"面板内的"拆分"按钮，如图 3-8 所示。

（5）在弹出的"拆分单元格"对话框内，选择把单元格拆分为行。行数为 10，单击

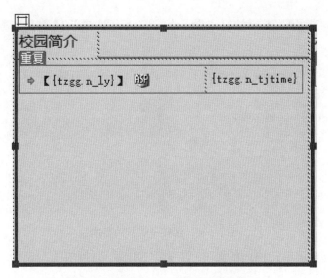

图3-6 调整层"xyjj"的位置和大小

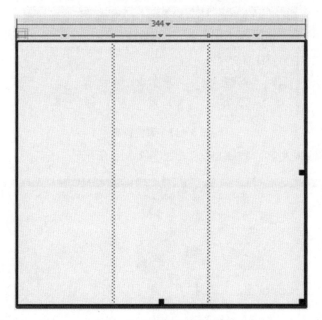

图3-7 表格大小及位置

"确定"按钮即可，如图3-9所示。

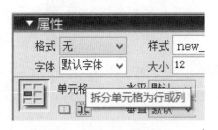

图3-8 单击"拆分"按钮

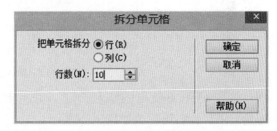

图3-9 拆分单元格

（6）将左侧第1行的高度调整至如图3-10所示的位置。

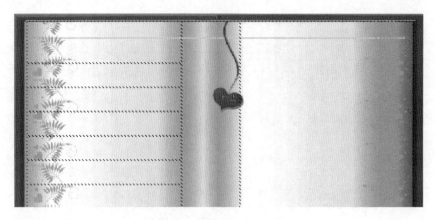

图 3 - 10　调整第 1 行的高度

（7）光标定位至该单元格内的第 2 行，将"属性"面板内的高设为"18"，如图 3 - 11 所示。

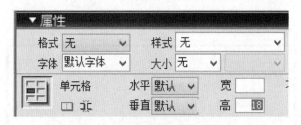

图 3 - 11　调整行高

（8）在该行内输入文字"校园口号"，如图 3 - 12 所示。

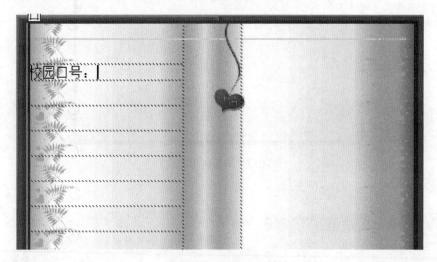

图 3 - 12　输入文字

（9）将第 3 行的高度也调整为"18"，并将该行拆分为 2 列。在第 2 列输入文字"勤奋、博爱、求实、创新"，如图 3 - 13 所示。

（10）光标定位至第 4 行，单击文件夹按钮，选择背景图片，如图 3 - 14 所示。

图 3-13 编辑第 3 行

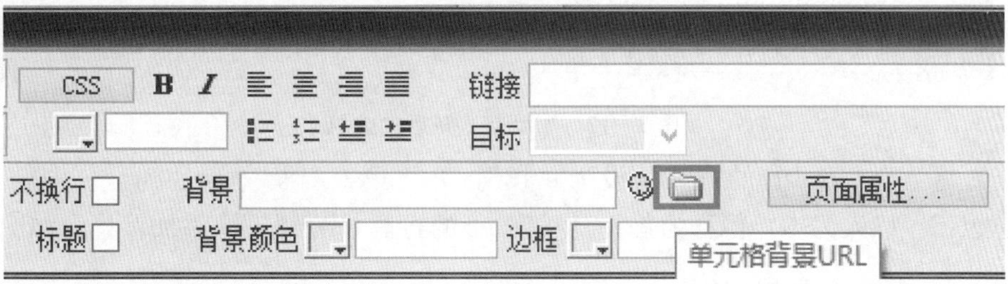

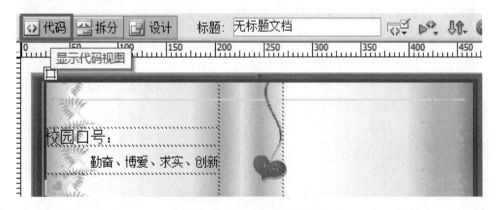

图 3-14 选择背景图片

（11）将第 4 行的行高调整为"1"。

（12）单击编辑区左上方的"代码"按钮，如图 3-15 所示。将该文件的编辑方式从"设计"视图方式切换为"代码"视图方式。

图 3-15 单击"代码"按钮

（13）找到该单元格的代码部分，删除空格符" "，如图 3-16 所示。

```
<tr>
    <td height="1"  colspan="2"  background="images/line.gif"> </td>
</tr>
```

图 3-16 删除空格符

（14）此时，切换到"设计"视图方式，再看第 4 行的效果，如图 3-17 所示。请与

图 3－15 内第 4 行的效果做比较。

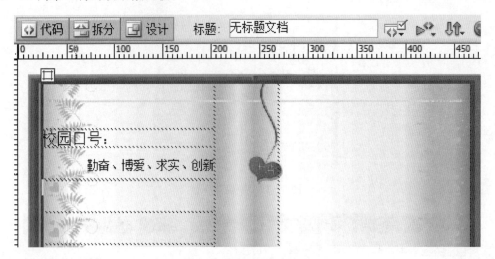

图 3-17　删除空格符后的效果

（15）将第 5、第 6 行的行高均设为"18"，并将第 6 行拆分为 2 列，分别输入文字"教育思想："以人为本，德育为首"。将第 7 行的行高设为"1"，添加背景，如图 3－18 所示。

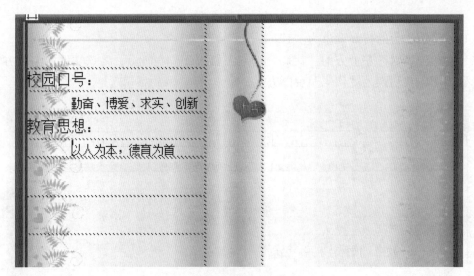

图 3-18　前后行的编辑效果

（16）将第 8、第 9 行的行高均设为"18"，并将第 9 行拆分为 2 列，分别输入文字"办学模式："'产、学、研'一体化"。将第 10 行的行高设为"1"，添加背景，如图 3－19 所示。

（17）光标定位至表格右侧的单元格内，将"属性"面板内的垂直对齐方式选为"顶端"，如图 3－20 所示。

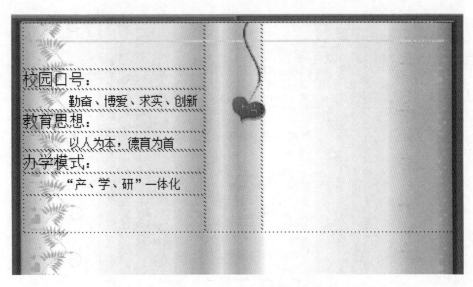

校园口号：
勤奋、博爱、求实、创新
教育思想：
以人为本、德育为首
办学模式：
"产、学、研"一体化

图3-19　前10行的编辑效果

（18）在表格右侧的单元格内插入一个5行1列的表格。调整表格的大小和位置，使得其宽度与外单元格相吻合，如图3-21所示。

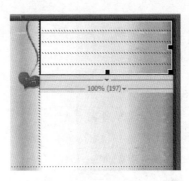

图3-20　选择对齐方式　　　　图3-21　调整表格的大小和位置

（19）将表格的第1行向下拖动，使得高为"24"像素。

（20）将表格第2行的行高设为"18"，输入"学校简介："，并将文字样式设为"微软雅黑"。

（21）光标定位至表格第3行，输入文字介绍"学校以就业创业为导向，以服务为宗旨，紧贴市场需求，开设现代制造类……"，将其样式设为"宋体"，字号大小为"12"，如图3-22所示。

（22）在表格左侧插入实训图片。至此，学校简介编辑结束。整体效果如图3-23所示。

 小试牛刀

请根据前面建立的站点和首页，设计实训网站的简介。

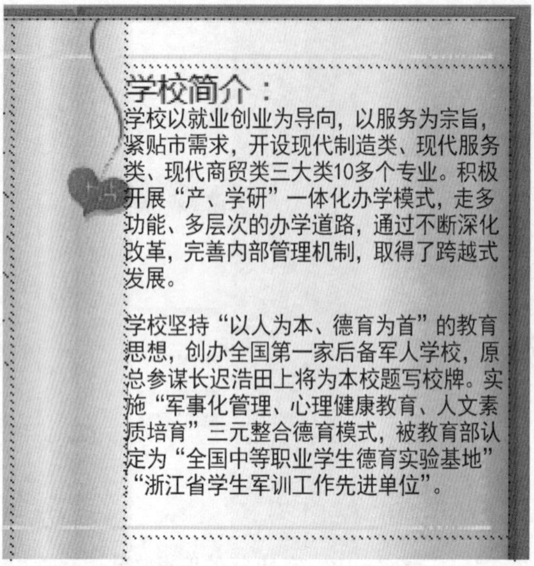

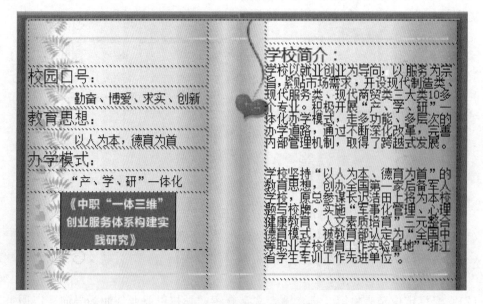

图 3-22 前 3 行的效果

图 3-23 学校简介整体效果

任务二 先睹为快——设计"校园新闻"

 任务下达

　　根据前面的安排，在完成任务一的基础上，进行"校园新闻"的设计、制作。本任务主要是发布校园新闻，使用户能具体、及时地了解宁海职教中心的实训信息。

知识准备

(1) 表格内可以插入图片、动画、音乐等元素，同时也可插入表格。

(2) 颜色可以在拾色器中选择，也可以通过吸管从其他任何地方选择。

实践向导

"校园新闻"的设计与制作：

(1) 将"xyjj"层隐藏，新建层，重命名为"xyxw"，如图 3 − 24 所示。

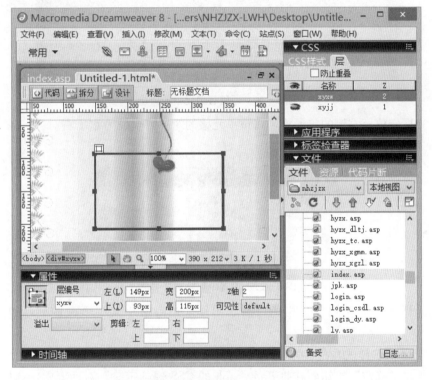

图 3 − 24　新建"xyxw"层

(2) 单击层面板下的"xyjj"层，即可在"属性"面板中显示该层的位置和大小，如图 3 − 25 所示。

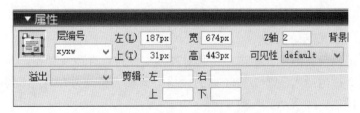

图 3 − 25　显示"xyjj"层的位置和大小

（3）将"xyxw"层的大小和位置设为与"xyjj"层相同的规格。

（4）光标定位于"xyxw"层内，插入一个1行3列的表格。调整各单元格的大小，如图3-26所示。

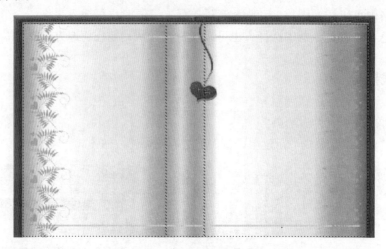

图3-26 调整各单元格的大小

（5）光标定位至左侧的单元格，将该单元格的对齐方式设为水平右对齐，垂直底端对齐，如图3-27所示。

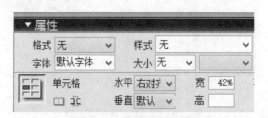

图3-27 设置单元格对齐方式

（6）光标定位至左侧单元格内，插入图片，并将图片大小稍做调整，如图3-28所示。

（7）新建CSS样式，命名为"bk"，为表格表框设置样式，如图3-29所示。

（8）单击"确定"按钮，在打开的".bk的CSS规则定义"对话框中，选择"边框"类，进行如图3-30所示的设置。

（9）新建CSS样式，命名为"zsz"，为表格内的部分文字设置样式，如图3-31所示。

（10）单击"确定"按钮，在打开的".zsz的CSS规则定义"对话框中，选择"边框"类，进行如图3-32所示的设置。

（11）光标定位至右侧单元格内，将其对齐方式设为垂直顶端对齐，拆分为2行。

（12）在第2行内插入一个1行1列的表格，调整表格与外单元格同宽。将表格的类设为"bk"，如图3-33所示。

（13）将表格拆分为3行。

（14）将第1行的行高设为"12"，在第1行输入"校长发言："。将其样式设为"zsz"。

图 3-28　左单元格的效果

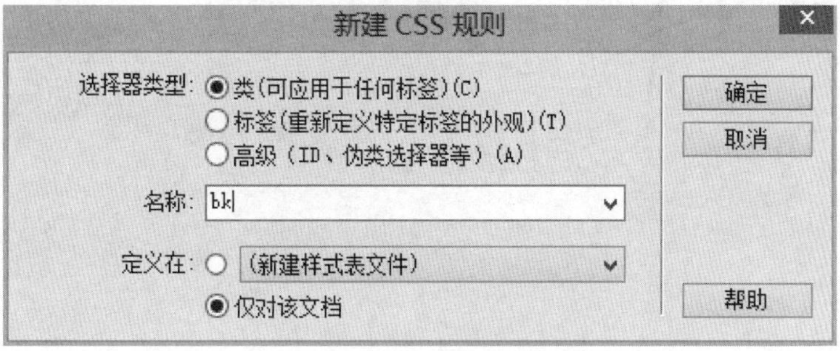

图 3-29　新建 ".bk" 样式

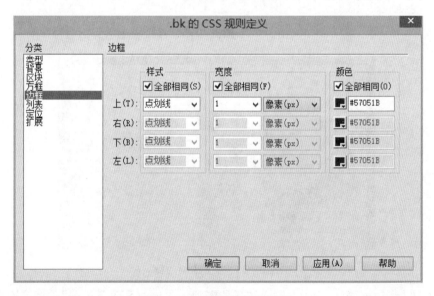

图 3-30　编辑 ".bk" 样式

（15）光标定位至第 2 行，选择背景图片 "line.gif"。将其行高设为 "1"。

（16）将编辑方式从设计视图切换为代码视图，删除该行内的空格符 " "。

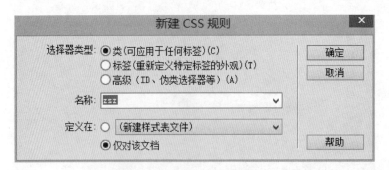

图 3-31 新建".zsz"样式

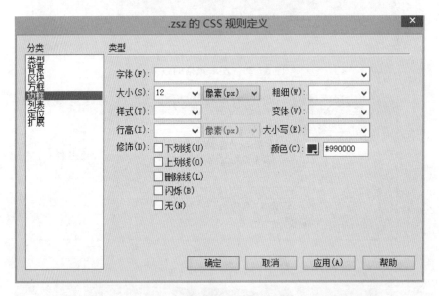

图 3-32 编辑".zsz"样式

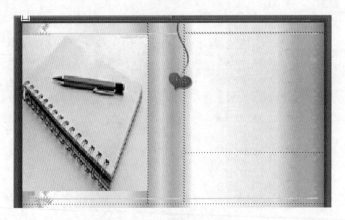

图 3-33 设置表格的类

（17）光标定位至第 3 行，并输入"各位老师，深化教育改革……"，将这段文字样式设为"zw"，整体效果如图 3-34 所示。

（18）光标定位到第 1 个表格后，插入一个 1 行 1 列的表格。

（19）调整该表格的高度，使得高为"12"像素。

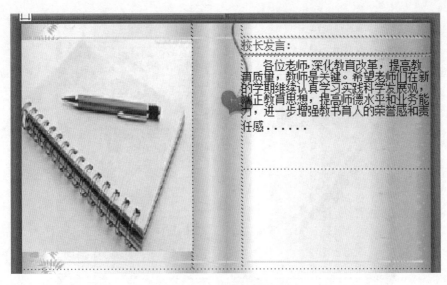

图 3-34　第 1 个表格效果

（20）选择第 1 个表格，复制（Ctrl+C）该表格，如图 3-35 所示。

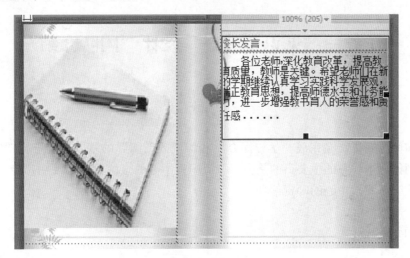

图 3-35　复制表格

（21）光标定位到第 2 个表格后，粘贴复制的表格（Ctrl+V）。

（22）将第 2 个表格内的内容修改为第 2 条新闻的内容。

（23）复制第 2 个表格，粘贴到第 3 个表格，并修改其内容。

（24）至此，校园新闻编辑完成，其效果如图 3-36 所示。

 小试牛刀

请根据前面建立的站点和首页，设计实训网站的新闻部分。

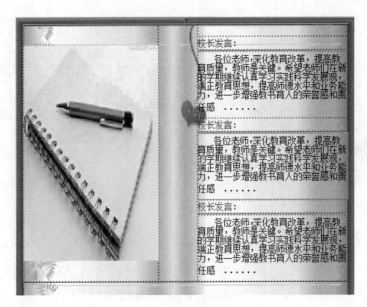

图 3－36 "校园新闻"效果

任务三 见识金牌——设计"团队介绍"

 任务下达

根据前面的安排，在完成"学校简介"和"校园新闻"的基础上，进行"团队介绍"的设计和制作。本任务的主要目的是介绍宁海职教中心的金牌团队，使用户能更具体、更真切地了解宁海职教中心的师资信息。

 知识准备

（1）为了更好地对表格进行布局，有时需要精确计算出表格中各单元格的宽度和高度。
（2）当单元格的高度很低时，必须删除空格符才能看出表格的效果。

 实践向导

"团队介绍"的设计与制作：
（1）将"xyxw"层隐藏。
（2）新建一层，重命名为"tdjs"，如图 3－37 所示。
（3）调整层的大小和位置，宽 284px，高 357px，如图 3－38 所示。
（4）光标定位至"tdjs"层内，插入一个 1 行 1 列的表格。调整其大小使得该表格宽为 284px，高为 357px，如图 3－39 所示。

图 3 - 37　新建"tdjs"层

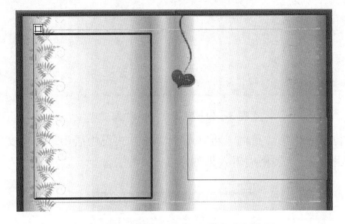

图 3 - 38　调整"tdjs"层的大小和位置

图 3 - 39　调整表格的大小

（5）光标定位至表格内，将其垂直对齐方式设为顶端对齐。插入一个 2 行 1 列的表格。调整表格的宽度至与外单元格同宽。

（6）新建样式"dhsz"。

（7）编辑".dhsz"样式，将大小设为"14"，粗体，红色。单击"确定"按钮即可，如图3-40所示。

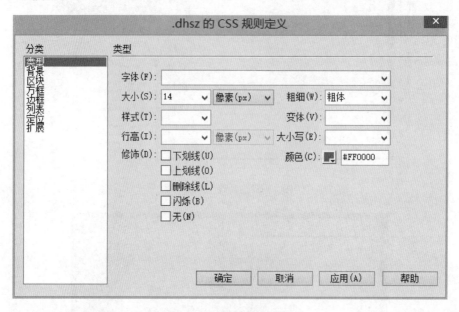

图3-40 编辑".dhsz"样式

（8）光标定位至表格第1行内，将其水平对齐方式设为居中。输入文字"团队介绍"，将其样式设为"dhsz"。该表格编辑效果如图3-41所示。

图3-41 第1个表格的编辑效果

（9）光标定位到表格后，插入一个1行2列的表格。在左单元格内插入图片，并调整其高度和宽度分别为"81"像素、"102"像素，如图3-42所示。

（10）将光标定位在图片所在单元格的右单元格。单击鼠标右键，选择"表格"→"拆分单元格"。

（11）在打开的"拆分单元格"对话框中，选择把单元格拆分为行，并输入行数为"5"，单击"确定"按钮即可，如图3-43所示。

图 3 - 42　图片效果

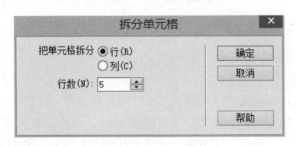

图 3 - 43　拆分单元格

（12）光标定位到第 1 行，输入文字"部门：经贸组"，并将"部门："的样式设为"hsz"，"经贸组"的样式设为"zw"。

（13）光标定位到第 3 行，输入文字"理念：创新生存，用户至上"，并将"理念："的样式设为"hsz"，"创新生存，用户至上"的样式设为"zw"。

（14）光标定位到第 5 行，输入文字"职责：新产品（包括产品升级）构思设计、基础技术研究、对产品项目与技术开发项目进行跨部门的项目管理"，并将"职责："的样式设为"hsz"，其他字的样式设为"zw"。

（15）光标定位到表格后，插入一个 1 行 1 列的表格，并将行高设为"12"。

（16）复制第 1 个表格，光标定位到表格后，粘贴。

（17）修改第 3 个表格内的信息。用相同的方法编辑其他表格内容。

（18）新建层，重命名为"tdjs1"。调整其大小：长为"417"像素、宽为"292"像素，调整其位置为左"549"像素、上"94"像素。

（19）光标定位到层内，插入一个 7 行 1 列的表格。调整表格宽度为 100%。

（20）光标定位到第 1 行内，插入图片，并调整其大小为宽"278"、高"213"。

（21）光标定位到第 3 行内，输入文字"部门：研发部"，并将"部门："的样式设为"hsz"，"研发部"的样式设为"zw"。

（22）光标定位到第 5 行，输入文字"理念：创新生存，用户至上"，并将"理念："的样式设为"hsz"，"创新生存，用户至上"的样式设为"zw"。

（23）光标定位到第 7 行，输入文字"职责：1. 新产品（包括产品升级）构思设计，1）行业需求研究；2）产品规划与构思。2. 基础技术研究。3. 对产品项目与技术开发项目进行跨部门管理"，并将"职责："的样式设为"hsz"，其他字的样式设为"zw"。

（24）新建层"tdjs2"，编辑方法同"tdjs1"。

（25）新建层"tdjs3"，编辑方法同"tdjs1"。

 小试牛刀

请根据前面建立的站点和首页，设计实训网站的"团队介绍"部分。

任务四　文化底蕴——设计"校园风景"

 任务下达

根据前面的安排，在完成"学校简介""校园新闻"和"团队介绍"的基础上，从校园风景方面进一步介绍宁海职教中心。本任务是设计、制作"校园风景"，目的是介绍宁海职教中心的部分场景，使用户能更详细、更真切地了解宁海职教中心的实训文化。

 知识准备

图片的排列可以通过层来完成，也可以通过表格来实现。

 实践向导

"校园风景"的设计与制作：

（1）将"tdjs"等层隐藏。

（2）新建层，重命名为"xyfj"。调整其大小：长为"284"像素、宽为"384"像素，调整其位置为左"184"像素、上"100"像素。

（3）光标定位至层内，插入一个 3 行 1 列的表格，将表格的宽度设为"100％"。

（4）光标定位至第 2 行内，将水平对齐方式设为居中对齐。输入文字"校园风景"，并将样式设为"dhsz"，如图 3-44 所示。

（5）光标定位至表格后，插入一个 5 行 5 列的表格，拖动表格使之充满层，如图 3-45 所示。

图 3 - 44　表格及文字效果

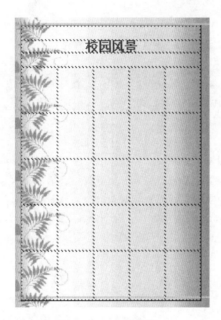

图 3 - 45　表格充满层

（6）分别选择第 2、第 4 列，设列宽为"7"像素，如图 3 - 46 所示。

（7）分别设第 1、第 3、第 5 列的宽度为"90"像素。

（8）选择第 2、第 4 行，分别设置行高为"7"像素。

（9）分别设第 1、第 3、第 5 行的行高为"110"像素。

（10）新建样式"hbk"，设边框线为黑色点划线，宽度为"1"像素，如图 3 - 47 所示。

图 3-46 设置列宽

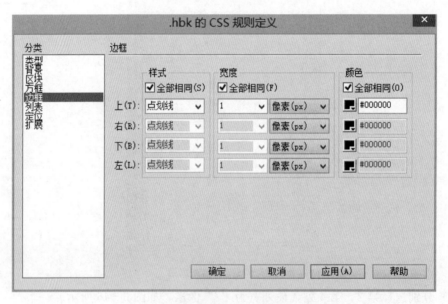

图 3-47 新建".hbk"样式

（11）将表格中第 1、第 3、第 5 行与第 1、第 3、第 5 列交叉的单元格的样式设为"hbk"。

（12）在表格中第 1、第 3、第 5 行与第 1、第 3、第 5 列交叉的单元格内分别插入图片，并设置图片大小为高"110"像素、宽"90"像素，如图 3-48 所示。

（13）新建层"xyfj1"。设置其左边距"554"像素、上边距"114"像素。大小为宽"265"像素、高"374"像素。

（14）层内插入一个 2 行 1 列的表格。在第 1 行插入第 1 幅图片。第 2 行输入图片介绍，如图 3-49 所示。

（15）按相同方法，制作其他 8 个层。

至此，"校园风景"制作完成。

图 3 - 48　图片效果

图 3 - 49　具体介绍图片层

 小试牛刀

请根据前面建立的站点和首页，设计实训网站的"图片介绍"部分。

任务五　沟通你我——设计"雁过留声"

任务下达

一般来说，大部分商业网站都有留言板，以便客户和商家进行一些必要的交流。本任务主要是为宁海职教中心实训网站创建一个留言板。

知识准备

（1）网站中表单的制作。
（2）网站中 ASP 的基本应用。

实践向导

1. 创建留言板界面

（1）在 Dreamweaver 8 中新建一页（在"新建文档"对话框中选"ASP VBScript"类型的文档），存为"ly. asp"，并修改页面标题为"留言板"，如图 3-50 所示。

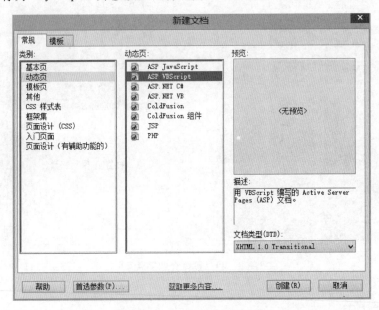

图 3-50　创建 ASP 网页

（2）插入一个 5 行 1 列的表格（表格 1），表格居中对齐，如图 3-51 所示。
（3）在图 3-52 中输入文本，并调整文本的位置。
（4）光标定位在表格 1 的第 3 行中，插入一个 1 行 2 列的表格（记为表格 2），宽度设

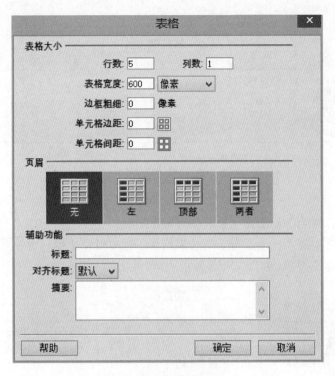

图 3 - 51 插入表格 1

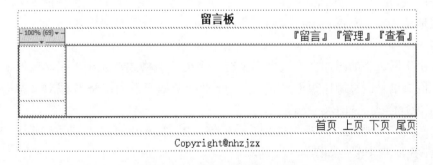

图 3 - 52 输入文本

为"100%"，边框宽为"1"；左边单元格的宽度设为"70"，垂直居顶对齐，并插入一个 2 行 1 列的表格（记为表格 3），完成后的效果如图 3 - 53 所示。

图 3 - 53 插入表格 2 和表格 3

（5）在表格 3 的第一个单元格里再插入一个头像（头像路径在留言板目录下 images/icon 里，网上可以找到很多头像图片，在这里使用的是 QQ 文件夹中的几个头像），并在第二个单元格里写上"访客名字"，之后设置两个单元格的水平对齐方式均为居中，如图 3 -

54 所示。

图 3-54 插入图片和内容

（6）表格 2 右侧的单元格是用来放访客留言的时间、发表内容以及回复的内容的，下面我们先在单元格中插入一个 3 行 1 列的表格 4，输入相关文本，再在表格 4 的第 2 行插入一个 2 行 2 列的表格 5，如图 3-55 所示。

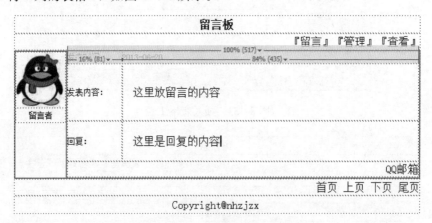

图 3-55 插入表格 4 和表格 5

（7）新建几个空白的 ASP 网页（ly_tj.asp、admin.asp、login.asp），初步设置好文本的超链接，超链接的设置方式有很多种，这里只介绍一种比较常用的。给"留言""查看""管理"这几个字分别加上链接（方法：选中文字后在"属性"面板的 Link 输入框中输入链接地址）ly_tj.asp、index.asp、login.asp。

2. 美化网页

（1）由于网页中的图片文本很多都没有一个统一的格式，大小不一，显得很不美观，因此美化网页也是网页制作很重要的一步。下面介绍如何使用 CSS 样式对文本进行修饰，首先新建 CSS 样式，如图 3-56 所示。

（2）新建 CSS 规则：选择器类型——标签，标签——body，定义在"新建样式表文件"，文件名为"CSS"，如图 3-57 所示。

（3）设置 body 的 CSS 相关属性：字体——Verdana，宋体；大小——"12"像素；颜色为"#003399"，如图 3-58 所示。

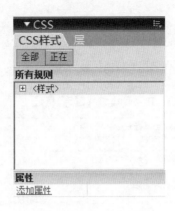

图 3-56　新建 CSS 样式

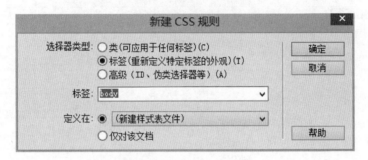

图 3-57　新建 CSS 规则

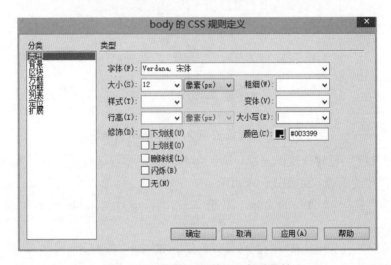

图 3-58　设置 body 的 CSS 相关属性

（4）设置超链接的 CSS，新建 CSS 规则：选择器类型——高级，选择器——a：link，a：visited，定义在——新建样式表文件，如图 3-59 所示。

（5）设置 a：link，a：visited 的属性：颜色——♯cccccc，修饰——无，如图 3-60 所示。

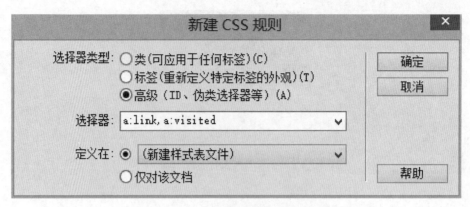

图 3-59 新建超链接的 CSS 规则

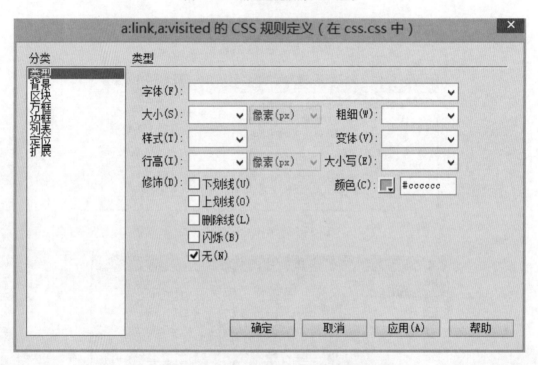

图 3-60 设置 a: link, a: visited 的属性

(6) 接下来我们设置边框的属性，下面用 Dreamweaver 8 打开 CSS，然后把下面的代码加到 CSS 代码的后面，如图 3-61 所示。

(7) 然后给需要做细线的表格（表格 1、2、4、5）的 table 标签里加上：class＝"thin"。

(8) 显示留言页（ly.asp）的前台就做好了，如图 3-62 所示。

3. 连接数据库

(1) 这个网页有 ASP 代码，而且还用到了 Access 数据库，所以接下来首先要做的就是先用 Access 建一个数据库 say.mdb，其中包含以下字段：id, name, qq, email, content, reply, date, icon。在这里，Access 的知识就不多介绍了。

(2) 下面通过 Dreamweaver8 来连接数据库 say.mdb。单击 Dreamweaver 8 右侧"应

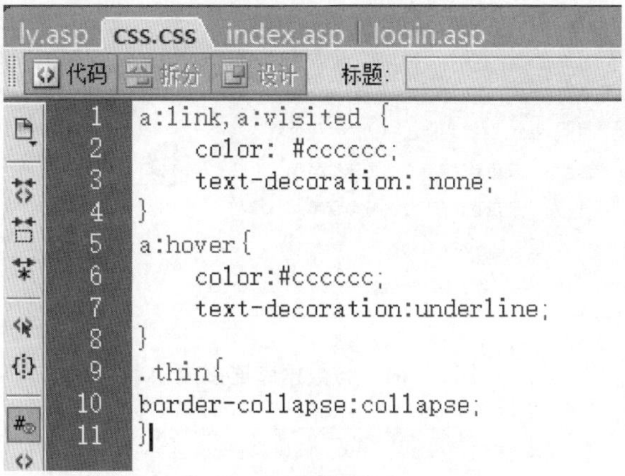

图 3-61　添加 CSS 代码

图 3-62　前台界面

用程序"的"数据库"中的"＋"号，选择"自定义连接字符串"，如图 3-63 所示。

图 3-63　与数据库建立连接

（3）在连接名称中输入"cnn"，在连接字符串中输入"Driver＝｛Microsoft Access Driver（＊.mdb）｝；Uid＝；Pwd＝；DBQ＝"＆ Server.MapPath（"/data/ say.mdb"），输完以后单击"测试"按钮，测试成功就说明数据库连接好了，如图 3-64 所示。

（4）连接好数据库以后就要绑定数据库中的记录集。单击 Dreamweaver 8 右侧"应用程序"的"绑定"中的"＋"号，选择"记录集（查询）"，如图 3-65 所示。

（5）在弹出的对话框中：名称——rs，连接——cnn，表格（Access 中表格的名称）——data1），按住 Shift 键选择除字段"ID"以外的其余字段，排序按照"tjtime"降序排序，如图 3-66 所示。

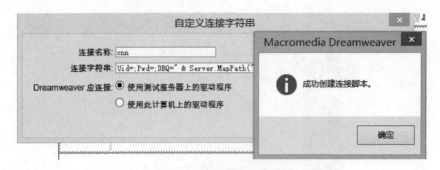

图 3 - 64　与数据库连接成功

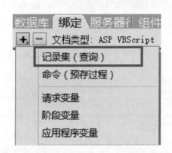

图 3 - 65　绑定记录集

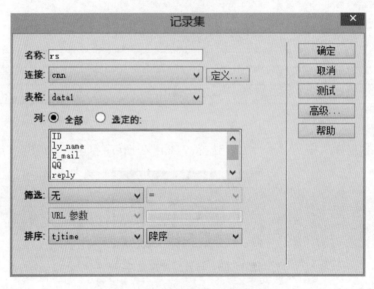

图 3 - 66　设置记录集相关参数

4. 数据绑定

（1）数据库连接好以后，就要对网页中的数据进行绑定，以便能够实时更新数据库中的数据。下面从网页中的头像开始，单击头像图片，打开"浏览文件"按钮，如图 3 - 67 所示。

（2）选取文件名自"数据源"，可以把 URL 中的参数先剪切下来，因为 icon 参数是一个数字，也就是图片文件的文件名，要显示图片的话是要显示全名的。然后单击 icon 记录，把 URL 参数改成如下形式：images/icon/<%=（rs. Fields. Item（"icon"）. Value)%>. jpg,

图 3 - 67　设置头像图片属性

如图 3 - 68 所示。

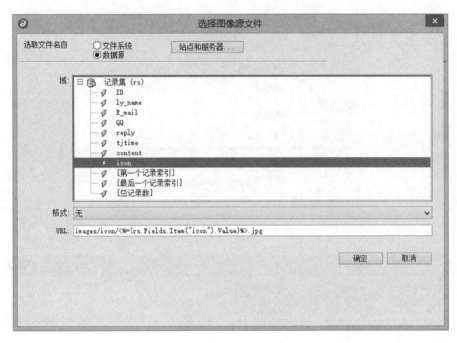

图 3 - 68　图片的数据绑定

（3）其余的字段绑定相对来说简单一点，下面以访客名字为例，选中"访客名字"四字后选择绑定面板中的"name"字段——单击下面的"插入"按钮，这时在"name"字段右方出现格式化的倒三角形，点击之后选择"编码- Server. HTMLEncode"，如图 3 - 69 所示，其余的如 reply、content 等字段分别绑定到回复内容和发言。

（4）其中 E-mail 字段有点特殊，因为点击以后需要直接连接才可以发送邮件，所以在字段中需要加"mailto："，如图 3 - 70 所示。

（5）至此，所有的字段都已经绑定好了，但是不能高兴得太早，因为在我们做的网页中现在只能显示一条记录，所以还要设置翻页的字段绑定。

（6）光标定位在图片单元格，然后点选＜tr＞，如图 3 - 71 所示。

（7）让这块区域成为重复区域，就可以显示多条记录了。点选"应用程序"→"服务器行为"中的"＋"，选择"重复区域"，如图 3 - 72 所示。

（8）继续点选"应用程序"→"服务器行为"中的"＋"，选择"显示区域"→"如果记录集不为空则显示区域"，如图 3 - 73 所示。

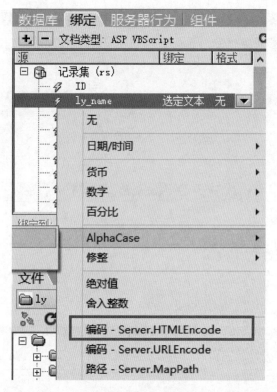

图 3 - 69 数据字段绑定

图 3 - 70 E-mail 字段的绑定

（9）数据绑定的最后一个操作就是记录显示的翻页效果。选中"首页"，点选"应用

图 3 - 71 点选<tr>

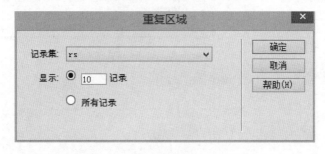

图 3 - 72 "重复区域"对话框

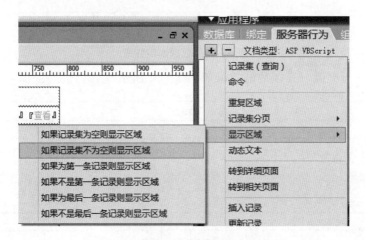

图 3 - 73 显示区域

程序"→"服务器行为"中的"＋",点选"记录集分页"→"移至第一条记录",如图 3 - 74 所示。

（10）其余的"上页""下页""尾页"和"首页"的设置方法相同。

（11）数据绑定完成,如图 3 - 75 所示。

5.添加留言页面

（1）留言板首页已经做好了,那么怎样才能在这个页面上添加留言呢?新建一个留言页面"ly＿tj.asp",在服务器面板中把除第一条 Recordset（rs）以外的行为都选中后

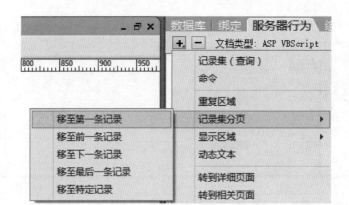

图 3-74 记录显示的翻页效果

图 3-75 数据绑定完成

按上面的"—"号删除，完成后的效果如图 3-76 所示。

图 3-76 新建留言页面

（2）光标定位到第 3 行的单元格里，点"表单"工具组，插入一个表单，然后再设置相应内容。表单中的 ID 要和数据库中的字段相符合，不然就传不到数据库中了。界面如图 3-77 所示。

（3）单选按钮的默认值设为图片的文件名，如 1、2、3 等，点选"应用程序"→"服务器行为"中的"＋"，选择"插入记录"。相关设置如图 3-78 所示。

（4）至此，留言页面就做好了。

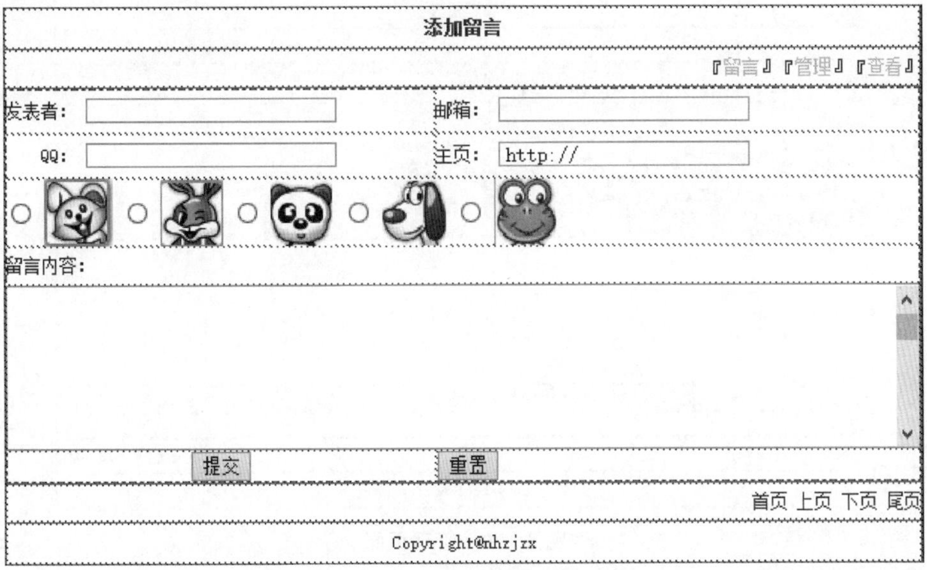

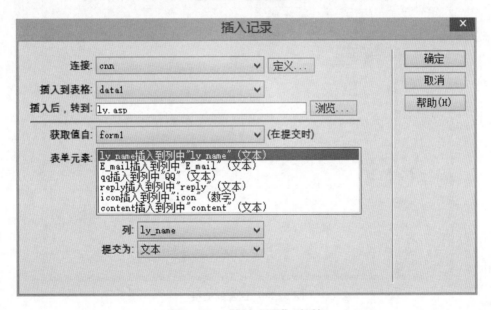

图 3 - 77 界面截图

图 3 - 78 "插入记录"对话框

6. 管理页面

（1）管理页面"admin. asp"其实与留言板添加留言的功能差不多，所以可以直接把"ly_tj. asp"另存为"admin. asp"，然后加上管理功能：删除、回复。效果如图 3 - 79 所示。

（2）对于"删除"和"回复"的数据绑定很简单，主要是在链接的参数中传递当前留言的号，参考"QQ"的绑定方式，完成后的链接地址分别为："删除"：delete. asp?id=<%=（rs. Fidlds. Item（"ID"）. Value)%>，"回复"：lyhf. asp?id=<%=（rs. Fidlds. Item（"reply"）. Value)%>，设置选取文件名自"数据源"，URL 参数如图 3-80 所示。

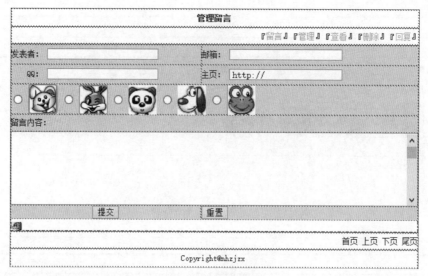

图 3 - 79 管理页面

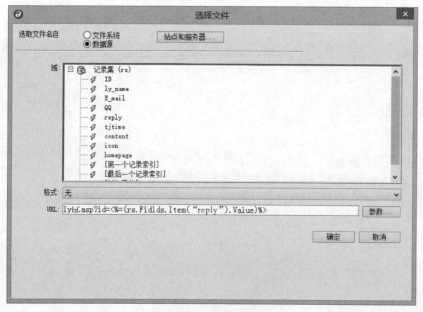

图 3 - 80 回复的链接

7. 登录页面

（1）有了管理页面，就一定要有登录页面，只有通过登录页面验证后才能进入管理页面进行管理。

（2）光标定位到第 3 行的单元格，然后通过"表单"工具组的按钮和表格完成相关表单的制作，如图 3-81 所示。

（3）"用户"输入框代码：＜input name＝"ly_name" type＝"text"＞。"密码"输入框代码：＜input name"pwd" type＝"password"＞。

（4）建立一个 Access 数据库，其中只有字段 ly_name 和 pwd，内容分别是 ly_name 和 pwd。然后使用前面讲过的步骤连接记录集。

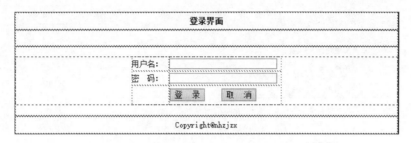

图 3 - 81　表单样式

（5）表单制作完成后就要用应用程序，选择服务器行为面板上的"用户身份验证"→"登录用户"命令，界面如图 3 - 82 所示。

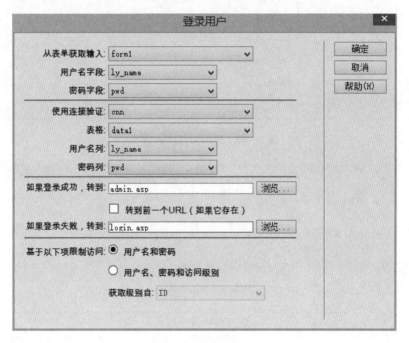

图 3 - 82　登录界面

（6）这样只有当输入用户名 admin 和密码 mm 后才跳转到 admin. asp 页面，否则一直在 login. asp 页面，不过现在直接输入 admin. asp，发现即使不登录也可以直接进入管理页面。这是因为我们没有对 admin. asp 添加页面保护，重新打开 admin. asp，在服务器行为面板上给页面应用"限制对页面的访问"命令，如图 3 - 83 所示。

（7）有登录当然就有退出登录，将 admin. asp 里的"管理"修改为"退出"，如图 3 - 84 所示。

（8）至此，登录网页做好了。

8. 删除记录页面

（1）有些不文明的上网者会在留言板上乱写，所以还需做一个删除记录的页面，以便能及时删除一些不良信息。参照前面的做法，新建一个页面"ly _ del. asp"，并进行相应修改，效果如图 3 - 85 所示。

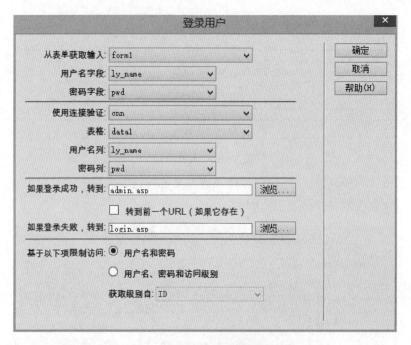

图 3 - 83　限制对页面的访问

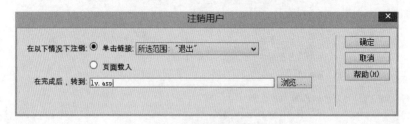

图 3 - 84　注销用户

图 3 - 85　删除界面

（2）单击"HTML"工具组中的"刷新"项，如图 3 - 86 所示。

（3）设置刷新的参数延时 5s 转到 admin. asp 页面，如图 3 - 87 所示。

（4）点选"服务器行为"→"命令"，弹出对话框，如图 3 - 88 所示，输入相应参数：
名称——Command 1，类型——删除，等等。

（5）按照前面的方法给 delete. asp 页面应用"限制对页面的访问"命令。

图 3 - 86 刷新

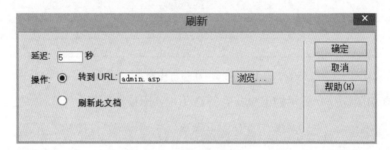

图 3 - 87 设置刷新参数

图 3 - 88 设置命令参数

（6）删除页面制作完成。

9.回复页面

（1）第一步和前面的一样，做好一个初级页面，如图 3-89 所示。

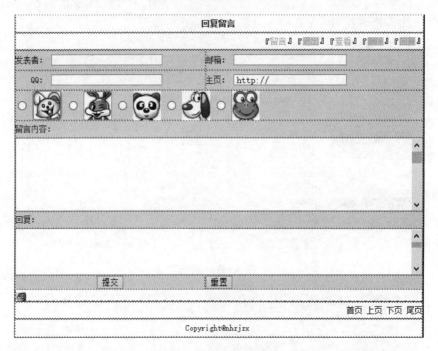

图 3-89 初级页面效果

（2）建立如图 3-90 所示的记录集，筛选 ID、URL 参数等。

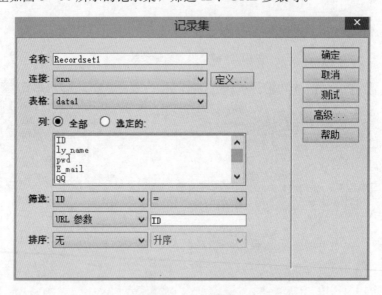

图 3-90 记录集

（3）再在"应用程序"工具组里找到"更新记录表单向导"，弹出"更新记录表单"，如图 3-91 所示。

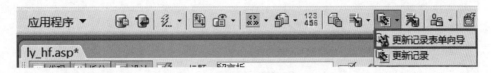

图 3 - 91 更新记录表单向导

（4）接下来设置更新记录表单的参数。在"表单字段"中删掉"ID"和"Data1"，修改其余"标签"为中文，如图 3 - 92 所示。

图 3 - 92 设置更新记录表单参数

（5）对初始化界面进行美化，如图 3 - 93 所示。

留言者：	{Recordset1.ly_name}
主页：	{Recordset1.homepage}
E-mail：	{Recordset1.E_mail}
QQ：	{Recordset1.QQ}
内容：	{Recordset1.content}
回复：	{Recordset1.reply}
	更新记录

图 3 - 93 对初始化界面进行美化

（6）为回复页加上页面保护，如图 3 - 94 所示。

（7）保存相关设置。

（8）回复页面制作完成。

图 3 - 94　添加页面保护

 小试牛刀

请建立一个个人留言板。

任务六　来去自如——建立各页面间的链接

 任务下达

前面已完成各页面内容的设计和制作，为了让用户阅读时有连贯性，现将各页面及其内容进行链接，以更好地体现网站的人性化设计。

 知识准备

（1）热点工具：可通过添加行为等操作实现图片间的链接。
（2）如果网页的大小需要固定，可以通过行为进行控制。

 实践向导

1. 制作"返回首页"
（1）选择"daohang"层内的图片，单击"属性"面板中的"矩形热点工具"，如图3-95所示。
（2）在返回首页处画出热点区域，如图3-96所示。
（3）单击"属性"面板中链接后的文件夹按钮，选择需链接的网页，即"index. html"。
（4）"雁过留声"的制作同上。

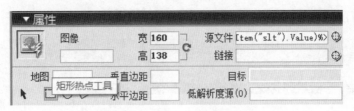

图 3 - 95　选择"矩形热点工具"

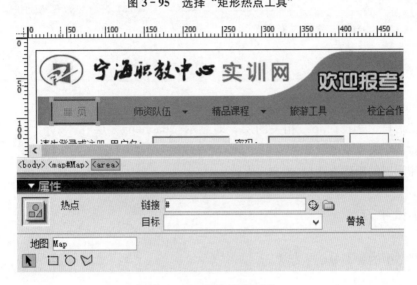

图 3 - 96　画出热点区域

2. "学校简介"的显示

（1）选择"daohang"层内的图片，单击"属性"面板中的"矩形热点工具"，在"学校简介"处画出热点区域。

（2）在"行为"面板内，单击按钮，选择"显示-隐藏层"，如图 3 - 97 所示。

图 3 - 97　添加"显示-隐藏层"行为

（3）在打开的"显示-隐藏层"对话框中会显示该页面中的所有层，如图 3－98 所示。

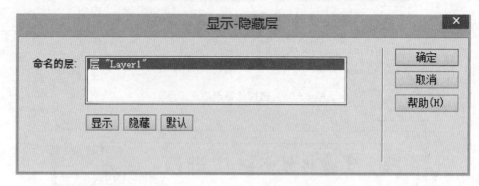

图 3－98 **"显示-隐藏层"对话框**

（4）显示与"学校简介"相关的层，即显示"daohang"层和"xyjj"层，其他层则隐藏。

（5）其他层的操作方法同上。

小试牛刀

请将网站中的各部分链接起来。

项目总结

在实施项目过程中，学习了网页编辑软件，涉及的知识内容与应掌握的技能具体如下所述：

（1）属性的设置：样式、对齐方式、宽、高、背景等。

（2）编辑层：层的宽和高的设置、层位置的确定。

（3）编辑表格：行列和单元格以及工作表的选择、行列的增加与删除、单元格的拆分与合并、行高列宽的调整等。

（4）添加行为：显示-隐藏层、显示文字等。

（5）热点区域的应用。

（6）样式的设置：字体、边框、段落。

（7）ASP 语言的应用：制作留言板。

挑战自我

完成一个个人网站，至少包括五个栏目。具体要求有：

（1）主题鲜明，图文并茂。

（2）色彩搭配得当。

（3）内容充实。

（4）自己收集文档资料。

 ## 项目评价

针对提交的网站，填写任务评价表。

任务评价表

项目名称：网站			制作者姓名		
项　目		评 价 内 容（1、0.8、0.6、0.3）	得　分		
			自评	组评	师评
制作60分	基本操作	1. 设计思路清晰、层次分明、逻辑合理 □优秀　□良好　□一般　□差			
		2. 页面设计色调和谐 □优秀　□良好　□一般　□差			
		3. 图片、动画、文字切合主题 □优秀　□良好　□一般　□差			
		4. 色彩选配方案恰当 □优秀　□良好　□一般　□差			
		5. 设计新颖、富有创意 □优秀　□良好　□一般　□差			
		6. 具有良好的人机界面和视觉效果 □优秀　□良好　□一般　□差			
		7. 主题突出、积极向上 □优秀　□良好　□一般　□差			
		8. 首页设有导航栏 □优秀　□良好　□一般　□差			
		9.CSS 设置合理 □优秀　□良好　□一般　□差			
		10. 文字部分独立创作 □优秀　□良好　□一般　□差			
		11. 导航设计科学、合理 □优秀　□良好　□一般　□差			
		12. 各页面联系密切 □优秀　□良好　□一般　□差			
表述20分	仪表	13. 表述正确，声音洪亮，仪态自然大方 □优秀　□良好　□一般　□差			
	言辞	14. 语言精心组织，表达清晰，条理分明 □优秀　□良好　□一般　□差			
回答问题 10 分		15. 能够随机应变，正确回答提问 □优秀　□良好　□一般　□差			
合　作10 分		16. 每个人都有具体的任务，且配合默契，互相帮助 □优秀　□良好　□一般　□差			
总 计 得 分					

项目四
了解实训产品
——宁海职教中心实训网之提高篇

 项目引言

为了使用户能够更好地了解宁海职教中心的产品，实训网站设置了了解实训产品这一模块，在这一模块中，用户能够了解实训的最新产品的介绍，并且能快速查询自己所需要的产品。

根据企划部提供的一系列信息，利用 Dreamweaver8 网页编辑软件，在宁海职教中心的网站上设计并制作一个了解实训产品的模块。整个设计制作过程分为以下六个任务：

任务一　纵览全局——设计"产品首页"；

任务二　分享成果——设计"百货展台"；

任务三　集体亮相——设计"学生文具"；

任务四　观点聚集——设计"使用心得"；

任务五　捷径透露——设计"产品查询"；

任务六　优胜劣汰——设计"评价产品"。

任务一　纵览全局——设计"产品首页"

 任务下达

利用框架来制作实训产品的首页。

 知识准备

1. 框架

（1）框架网页特点。框架就是把一个网页页面分成几个单独的区域（即窗口），每个区域就像一个独立的网页，可以是一个独立的 HTML 文件。因此，框架可以实现在一个网页内显示多个 HTML 文件。对于一个有 n 个区域的框架网页来说，每个区域有一个 HTML 文件，整个框架结构也是一个 HTML 文件，因此该框架网页是一个 HTML 文件集，它有 $n+1$ 个 HTML 文件。

（2）创建框架的常用方法。在网页中创建框架的常用方法有以下三种：

1）单击"文件"→"新建"菜单命令，弹出"新建文档"对话框。单击该对话框左边"类别"栏中的"框架集"选项，再单击选中该对话框右边"框架集"栏内的一种框架选项，然后单击"创建"按钮，即可创建有框架的网页。

2）单击"插入"（布局）栏内"框架"快捷菜单中的一个菜单命令，即可在页面内设置出相应的框架。

3）单击"修改"→"框架集"→"×××"菜单命令或单击"插入"→"HTML"→"框架"→"×××"菜单命令，也可以创建框架。

2. 插入 Flash 按钮

单击"插入"（常用）栏中的"媒体"快捷菜单中的"Flash 按钮"，弹出"Flash 按钮"对话柜。在"插入 Flash 按钮"对话框中进行设置，然后单击"确定"按钮，即可在网页中插入 Flash 按钮。

实践向导

1. 使用框架布局页面

（1）点击 Dreamweaver 8 主菜单中的"文件"→"新建"选项，新建一个 HTML 页面。

（2）选择工具栏中的"常用"，选中下拉菜单中的"布局"，此时在工具栏中可以看到图标，如图 4-1 所示，点击该图标，会弹出各种框架布局，选择你所需要的框架。

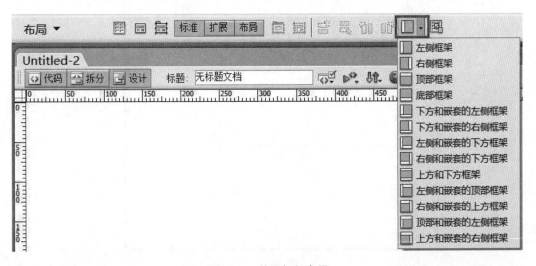

图 4-1 使用框架布局

（3）选择主菜单中的"查看"→"可视化助理"→"框架边框"选项。使框架边框在编辑窗口中可见，用鼠标拖曳任意一条框架边框，就可以垂直或水平分割框架了；拖拽框架到父框架的边框上，可删除该框架。用该方法拖拽出上中下框架布局，如图 4 - 2 所示。

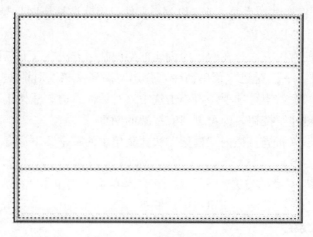

图 4 - 2　上中下框架布局

（4）在进行其他操作之前，先保存当前的框架集，点击主菜单中的"文件"→"保存全部"选项，将弹出保存文件对话框。Dreamweaver 8 首先保存框架集文件，框架集边框将显示为虚线（图 4 - 3），在保存文件对话框的文件名时，系统提供临时文件名 Untitled-Frameset-1. html，可以根据自己的需要修改，这里命名为 index. html，然后点击"保存"按钮。

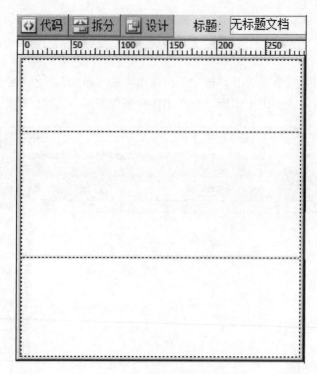

图 4 - 3　保存各个框架

（5）在保存了框架集之后，Dreamweaver 8 将依次要求保存框架集中的其他页面，保存对应页面的时候，该部分都将以虚线框起来。例如，当虚线框住框架下面的部分时，将该部分页面保存为 bottom.html，同样的方法，当提示保存上面部分的页面时，将该部分保存为 top.html（图 4-4），提示保存中间部分页面时，将该部分保存为 content.html。

图 4-4　保存框架页

（6）到此，已经保存了四个 HTML 文件。其中，index.html 为框架集页面，它包含框架集中显示的框架数、框架大小、载入框架的源文件，以及其他可定义的属性等信息。而 top.html、content.html 和 bottom.html 为载入框架中的三个部分的页面。

2. 框架集的属性设置

（1）打开刚才保存过的 index.html 页面，如果看不见页面的框架结构，请选择主菜单中的"查看"→"其他"→"框架边框"，使得框架边框在编辑窗口中可见。

（2）点击主菜单中的"窗口"→"其他"→"框架"，此时出现的是框架选择窗口，如图 4-5 所示。框架选择窗口以一种在文档窗口不能显示的方式显示框架集的层次结构。在框架选择窗口中，框架集边框是粗三维边框，框架边框则是细灰线边框，即可选择该框架。当在框架选择窗口中选择框架或框架集时，编辑窗口中对应的框架或框架集的边框出现的选择线是虚线。

（3）在框架选择窗口中选择最上面的框架，此时的"属性"面板如图 4-6 所示。在此首先需要命名框架，即在"框架名称"一栏中输入名称，这里输入"topframe"即可。

接着设置以下框架属性：

图 4 - 5　框架选择窗口

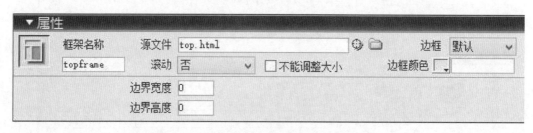

图 4 - 6　各框架命名

1）源文件。用来指定在当前框架中打开的源文件。可以在源文件后的输入域中直接输入文件名或单击文件夹图标，浏览并选择一个文件，也可以把光标置于框架内，然后选择"文件"→"在框架中打开"来打开一个文件。由于刚才已经将框架保存，所以在 topframe 中已经有保存过的文件 top.html。

2）滚动。用来设置当没有足够的空间显示当前框架的内容时是否显示滚动条。本项属性有 4 种选择。其中"是"为显示滚动条，"否"为不显示滚动条，"自动"为当没有足够的空间显示当前框架的内容时自动显示滚动条，"默认"方式则采用浏览器的默认值。在这里，我们选择"否"。

3）不能调整大小。选择此选项，可防止用户浏览时拖动框架边框来调整当前框架的大小。在这里，我们将该选项选中。

4）边框。决定当前框架是否显示边框，有"是""否"和"默认"三种选择。大多数浏览器默认为"是"。此项选择覆盖框架集的边框设置。只有所有比邻的框架此项属性均设为"否"时，才能取消当前框架的边框。在这里，我们选择"否"。

5）边框颜色。设置与当前框架比邻的所有边框的颜色。此项选择覆盖框架集的边框颜色设置。

6）边框宽度。以像素为单位设置左页边距和右页边距。在这里，我们将其设置为"0"。

7）边界高度。以像素为单位设置上页边距和下页边距。在这里，我们将其设置为
"0"。

（4）鼠标在页面中间框架上点击，选择该框架。在"属性"面板中，将框架命名为
"content"，设置滚动为"否"，边界宽度和边界高度为"0"，边框为"否"，如图 4－7
所示。

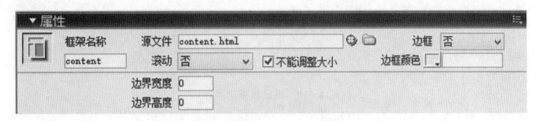

图 4－7　设置框架 content 属性

（5）同样的方法，选中页面下面的框架，在"属性"面板中，框架名称为"bottom-
frame"，设置滚动为"否"，边界宽度和边界高度为"0"，边框为"否"，如图 4－8 所示。

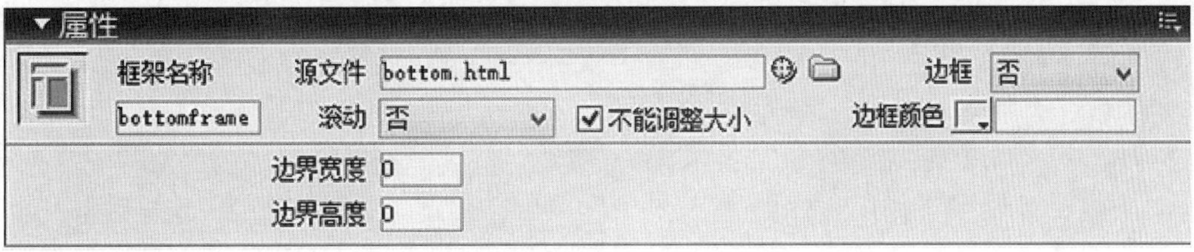

图 4－8　设置框架 bottomframe 属性

（6）以上设置好了几种框架的相关属性，接下来还需要设置整个框架集的属性。在编
辑窗口中，将鼠标放在两框架之间的边框上，点出该边框就可以选中整个框架集了，如图
4－9 所示。另外，也可以在框架选择窗口中单击框架集边框，选中框架集。

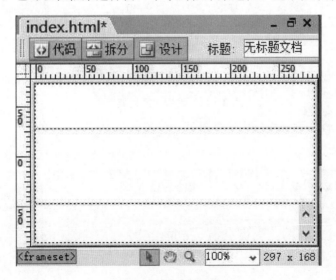

图 4－9　选中框架集

（7）在选中框架集之后，此时的"属性"面板如图4-10所示，在这个"属性"面板中，可以设置框架集是否有边框、边框宽度及颜色等。不过，最为重要的是在这里可以设置框架集中各个框架的大小。

图4-10 设置框架集属性

（8）请留意"属性"面板中右边的"行列选定范围"，在这里显示了当前页面框架集中的各个框架，选中其中的一个框架后，就可以设置对应框架的大小了。例如，这里选中顶部框架，设置它的行为"70"像素，边框宽度为"0"，如图4-11所示。

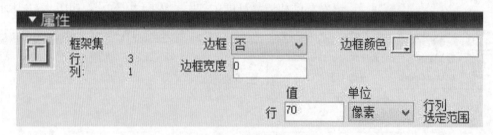

图4-11 设置顶部框架大小

（9）在"属性"面板的行列选定范围里选择中间框架，设置行高为"1"，单位为"相对"，如图4-12所示。

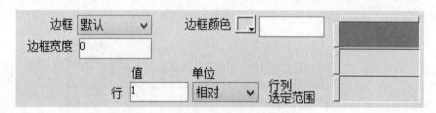

图4-12 设置中间框架大小

（10）在"属性"面板里选中底部框架，设置行高为"80"，单位为"像素"，如图4-13所示。

图4-13 设置底部框架大小

（11）保存页面。到此，我们完成了对框架集各项属性的设置。

3. 框架内部内容链接的设置

（1）在 Dreamweaver 8 中打开 index. html 页面，将光标置于顶部框架 topframe 中，点击主菜单中的"修改"→"页面属性"，在"页面属性"设置窗口中，设置背景图像为"images/top1. jpg"，页边距的值均为"0"，如图 4 - 14 所示。点击"确定"完成设置，此时你会发现框架集的顶部变成了我们设置的颜色，而其他部分颜色不变，这是因为我们设置的仅是框架集顶部页面的属性，与框架集其他部分页面无关。

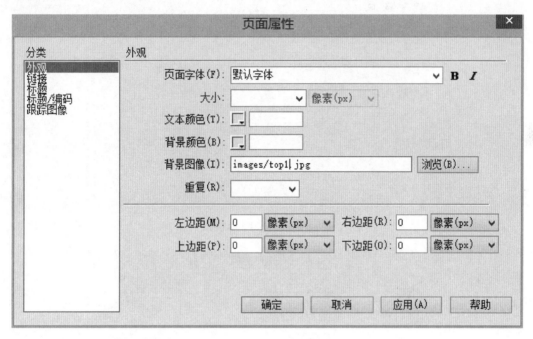

图 4 - 14 设置页面属性

（2）保持光标在顶部框架中，点击主菜单中的"插入"→"表格"，插入一个 1 行 5 列、边框边距都为"0"的表格，将光标置于刚插入的第一个单元格中，点击主菜单中的"插入"→"媒体"→"Flash 按钮"，弹出"插入 Flash 按钮"对话框，如图 4 - 15 所示。在对话框中，"范例"一栏可以预览当前按钮的样式，"样式"一栏 Dreamweaver 8 为我们准备了几十种现成的按钮样式，"按钮文本"一栏可以输入按钮中需要显示的文字（支持中文），"字体"一栏可以选择按钮文字的字体（系统中安装的字体都可以在这里选择），"大小"一栏为文字的大小，单位为像素，"链接"一栏填入按钮的链接地址，"目标"一栏选择链接页面打开的方式（有"_parent""_self"等），"背景色"一栏为选择按钮的背景色，如果不设置，按钮的背景色为白色。

（3）这里我们选择的 Flash 按钮的样式为"simple tab"，按钮文字为"首　页"，字体为"微软雅黑"，大小为"15"，背景色为"♯FFCC99"，另存为"button1. swf"，如图4 - 16 所示。

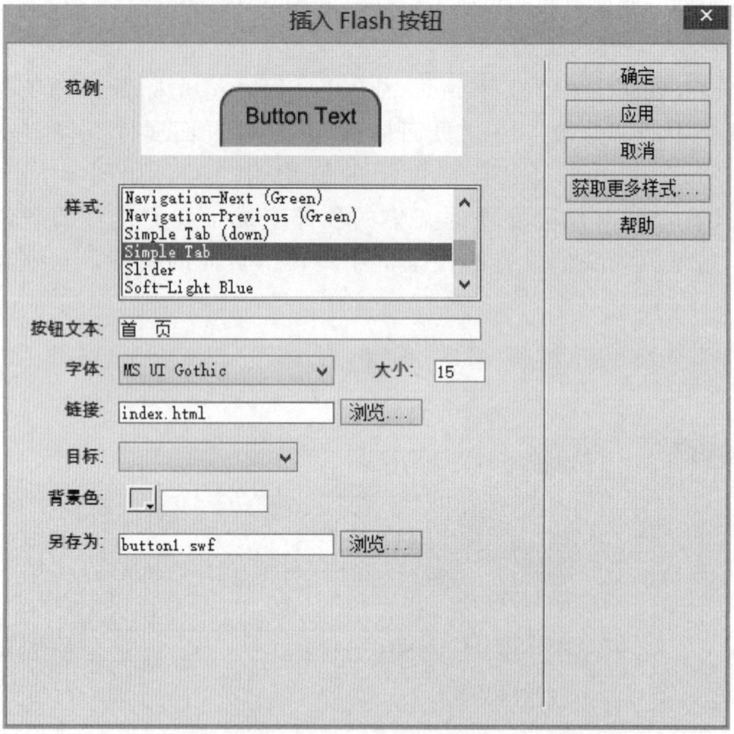

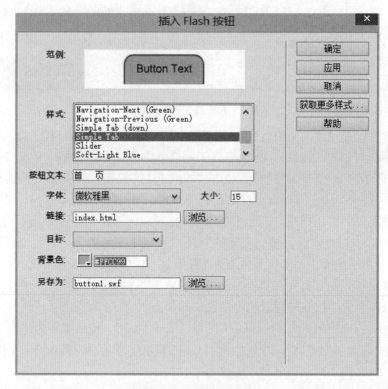

图 4 - 15　插入 Flash 按钮

图 4 - 16　设置按钮属性

（4）选中页面中创建的 Flash 按钮，此时的"属性"面板如图 4-17 所示，如果对当前这个按钮设置还不满意，可以点击"属性"面板中的"编辑"按钮返回到如图 4-16 所示的属性设置窗口，重新设置按钮的属性。

图 4-17　Flash 按钮属性

（5）在其他几个单元格中分别插入"学生用品""办公用品""使用心得""产品查询"和"百货展台"这几个 Flash 按钮，完成后的顶部页面如图 4-18 所示。

图 4-18　顶部页面

（6）将光标置于中部框架 content 中，点击主菜单中的"修改"→"页面属性"，在"页面属性"设置窗口中设置背景图为"images/content.jpg"，效果如图 4-19 所示。

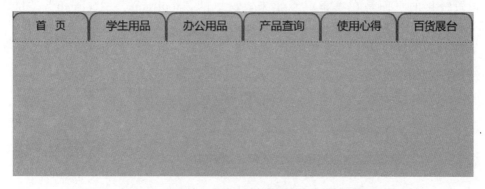

图 4-19　中部框架背景效果

（7）将光标置于底部框架 bottomframe 中，点击主菜单中的"修改"→"页面属性"，在"页面属性"设置窗口中设置背景颜色为"♯D4C68D"，设置完毕后，此时的框架页面如图 4-20 所示。

（8）接下来设置框架的内部链接。选择主菜单中的"窗口"→"行为"，打开"行为"面板，选中"百货"按钮，点击"行为"面板中的"＋"按钮，在弹出的菜单中选择"转到 URL"选项，效果如图 4-21 所示。

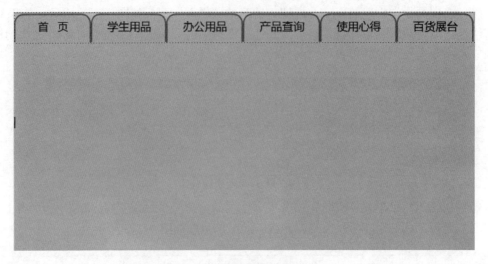

图 4 - 20   底部框架背景效果

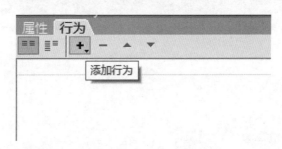

图 4 - 21   "行为"面板

（9）打开"转到 URL"对话框，你会发现该对话框有两部分内容，"打开在"主要是设置链接的页面是在哪里显示出来，这里的"topframe""content""buttom-frame"分别是指在框架顶部、中部框架和底部框架显示出来，我们这里选择"content"，即打开的链接从中部框架中显示出来，URL 是指打开链接的页面地址，如图4 - 22所示。

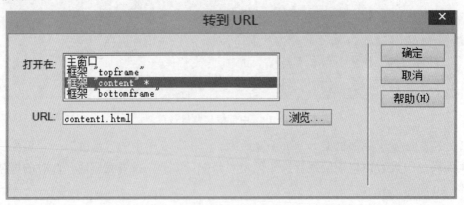

图 4 - 22   转到 URL 行为

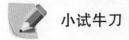

小试牛刀

请用框架结构制作个人网站的某个页面。

任务二 分享成果——设计"百货展台"

任务下达

创建新品展台页面，在该页面中展示出文具的种类和新品，要图文并茂，文字方面利用 CSS 样式来修饰。

知识准备

1. CSS 样式表

（1）CSS 样式表编辑器。层叠式样式表（Cascading Style Sheet，CSS）可以对页面布局、背景、字体大小、颜色、表格等属性进行统一设置，然后再应用于页面各个相应的对象。

单击"窗口"→"CSS 样式"菜单命令，调出"CSS 样式"面板（也叫 CSS 样式表编辑器）。

（2）应用 CSS 样式表。应用 CSS 样式表有四种情况，分别是创建自定义样式表、重定义 HTML 标签、创建动态链接样式表和应用外部样式表。

2. 时间轴

"时间轴"面板：单击"窗口"→"时间轴"菜单命令或按 A1t＋F9 组合键即可打开"时间轴"面板，该面板中的各个工具及其选项的作用如下：

（1）"时间轴"下拉列表框：其中列出了当前页面内所有时间轴动画的名字，选中其中一个选项后，相应的动画就会在"时间轴"面板中显示出来。右击"时间轴"面板内部，弹出"时间轴"快捷菜单，单击该菜单中的"添加时间轴"菜单命令，即可在"时间轴"下拉列表框内添加一个新的"时间轴"动画（默认名称为"Timeline"＋序号）。

（2）播放按钮：单击它，可以使动画前进一个帧。按住该按钮不放，可以向正常方向播放动画。

（3）"速率"文本框：用来输入每秒钟播放的帧数。

（4）"自动播放"复选框：选中它后，相关文件在网上下载后会自动播放。未选中时，需要使用行为事件才可以播放。

（5）"循环"复选框：选中它后可循环播放动画，否则只播放一次。

（6）动画通道：它由许多图层组成，表示可以在一个页面内加入多个时间轴动画，但最多可以加 32 个。它的左边标有图层的编号，图层编号大的动画在图层编号小的动画之上。

（7）动画条：表示一个动画所占的帧数，上面标有该动画所在层的名字。它的起始处和终止处各有一个小圆，表示首帧和终止帧。如果设置了关键帧，则关键帧也会有一个小圆。

（8）行为通道左边标有字母"B"，可以在该通道的特定帧使用行为。

实践向导

1. 新品展台界面

（1）打开 content. html 页面，设置它的背景图片为"images/content. jpg"，将光标置于页面中，单击主菜单中的"插入"→"布局对象"→"层"选项，在当前光标处插入一个层，也可以点击"布局"选项卡中的图标，光标会变成十字，按住鼠标左键，在编辑窗口上拖动至适当大小，同样可以创建出一个层，如图 4-23 所示。

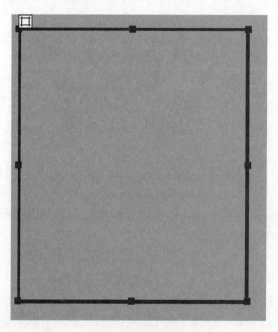

图 4-23　插入层

（2）选中刚创建的这个层，此时在"属性"面板中，"层编号"为该层编号的名称，可用于识别不同的层；"上下左右"分别是层在页面上的坐标位置；"背景图像"中可以设置层的背景图；"显示"为层的显示状态；"背景颜色"用来设置层的背景颜色，如果层不设置任何背景图片或背景颜色，那么这个层将是透明的；在"溢出"一栏中，在层里面的文字太多或图片太大，层的大小不足以全部显示的时候，可以选择 visible（超出部分照样显示）、hidden（超出部分隐藏）、scroll（不管是否超出，都显示滚动条）和 auto（有超出时才出现滚动条）。

（3）在层中插入一个 10 行 1 列的表格，如图 4-24 所示。

（4）在表格中输入办公文具的种类，如图4-25所示。关于单元格中输入的相关文字信息的样式设置，我们在后面采用"自定义创建CSS"的方法来进行。

办公用品			
笔筒	名片夹	报事贴	打孔机
剪刀	美工刀	文件盒	三针一钉
票夹	订书机	印台	胶水
胶带	证件夹	封箱器	笔筐
文件管理			
文件夹	资料架	档案盒	报刊夹
拉边袋	风琴包	经理夹	挂劳筐
光盘包	资料册	挂快劳	文件盘

图4-24　插入的表格　　　　　　图4-25　输入文字信息

（5）在页面的右侧再插入一个层，层中插入一个6行2列的表格，第1行第1个单元格中插入图片"images/012.jpg"，第2个单元格插入图片"images/013.jpg"，第2、第3行单元格中输入图片的相关信息，第4行第1个单元格中插入图片"images/014.gif"，第2个单元格中插入图片"images/015.gif"，第5、第6行单元格中输入图片的相关信息，如图4-26所示。

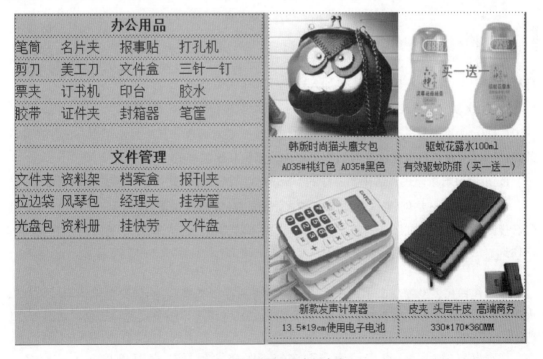

图4-26　设置页面右侧内容

2. 用 CSS 设置表格中的文字描述

（1）首先点击主菜单中的"窗口"→"CSS 样式"打开样式表窗口。在样式表窗口中，列出了当前页面中已有的样式，如果是新建的一个页面，该窗口中将没有任何样式。我们打开 CSS 样式面板后，看到里面已有四个样式，分别是"body""♯Layer1""♯Layer2"和".STYLE1"，这是刚才我们在设置页面属性和设置层的相关属性时自动产生的，选中相应的样式能够在下面看到它详细的属性，如图 4-27 所示。

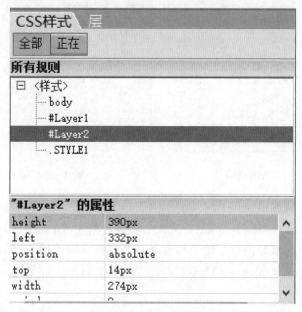

图 4-27　CSS 面板

（2）窗口下方有四个按钮，其中：

⊞ 按钮为附加样式表，点击后会弹出一个选择样式表对话框，选中以前创建好的外部样式表，点"确定"后即可链接加入这个外部样式表。

按钮 ⊞ 为新建样式表，一般通过这个按钮来创建新的 CSS 样式表。

按钮 ✎ 为编辑样式表，点击后会弹出编辑样式表对话框，其中显示了所有已存在的内部和外部样式表，可以在这个对话框里新建、编辑和删除样式。

按钮 🗑 为删除样式，选中要删除的 CSS 样式，然后点击此按钮，样式就被删除了。

（3）现在我们要创建一个自定义样式，点击窗口下方的 ⊞ 按钮，此时出现"新建 CSS 规则"对话框，如图 4-28 所示。在"选择器类型"一栏选择"类"，在"定义在"一栏选择"仅对该文档"，然后在"名称"一栏输入自定义的样式名称，这里输入".style2"。

（4）在样式表设置窗口中，在左边的分类里选择"类型"，然后设置字体为"宋体"，大小为"12"像素，粗细选择"正常"，行高为"15"像素，颜色设置为黑色，如图 4-29 所示。

（5）设置完毕后，点击"确定"按钮，你会发现样式表窗口里多了一个名为".style2"的自定义样式，如图 4-30 所示。

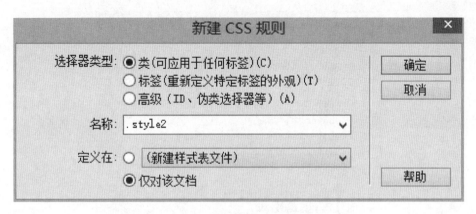

图 4-28　新建 CSS 规则

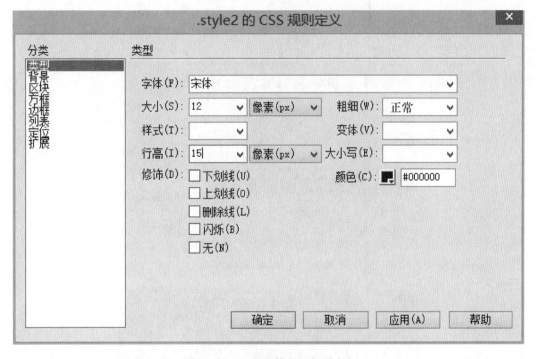

图 4-29　.style2 的 CSS 规则定义

（6）现在选中单元格中的文字，选择"属性"→"样式"→"style 2"，如图 4-31 所示。此时你会发现，页面中文字的字体、大小以及颜色等，与定义的 style2 样式相同。如果对刚才定义的样式不满意，可以双击打开 style2 样式，回到编辑样式状态，重新编辑。

（7）再新建一个名为"style3"的样式，设置字体为"宋体"，大小为"14"，精细为"粗体"。

对第 8、9、10 行中的文字应用样式 style3。最终效果如图 4-32 所示。

（8）设置页面右侧表格中字体的样式。

3. 用定义标签的方法设置表格中的文字描述

（1）打开样式表窗口，点击 按钮，出现"新建 CSS 规则"对话框，在"选择器类型"一栏选择"标签"，在"标签"下拉菜单中列出了可以重新定义的所有 HTML 标签，

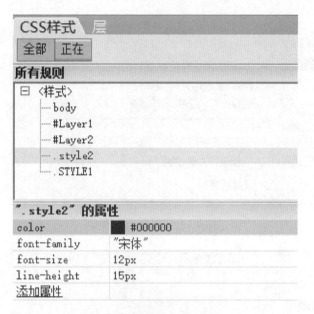

图 4 - 30　新建 .sytle2 样式

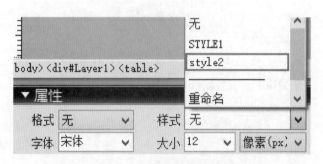

图 4 - 31　重新编辑 style2

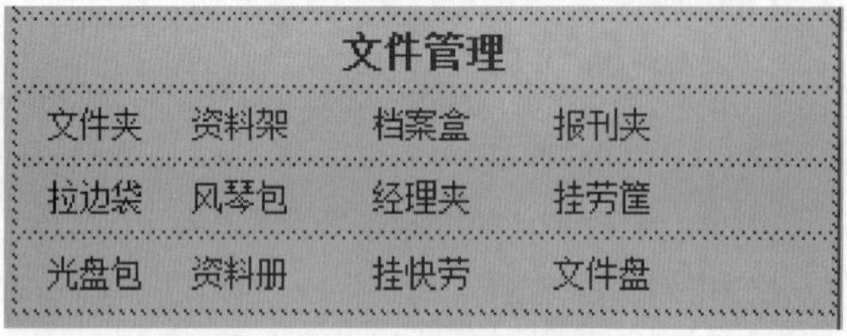

文件管理			
文件夹	资料架	档案盒	报刊夹
拉边袋	风琴包	经理夹	挂劳筐
光盘包	资料册	挂快劳	文件盘

图 4 - 32　左侧页面表格效果

在其中找到表格单元格标签 "td"，在 "定义在" 一栏选择 "仅对该文档"，如图 4 - 33 所示，当然也可以直接输入。

（2）确定了要重新定义的标签后，点击 "确定" 按钮进入样式表设置窗口。这里设置字体为 "宋体"，大小为 "12" 像素，行高为 "15" 像素，颜色为黑色，粗细为 "正常"，如图 4 - 34 所示。设置完毕后点击 "确定" 按钮。

新建 CSS 规则

选择器类型： ○ 类（可应用于任何标签）(C)
　　　　　　 ● 标签（重新定义特定标签的外观）(T)
　　　　　　 ○ 高级（ID、伪类选择器等）(A)

标签： td

定义在： ○ （新建样式表文件）
　　　　 ● 仅对该文档

确定
取消
帮助

图 4 - 33　用标签设置 CSS

td 的 CSS 规则定义

分类
类型
背景
区块
方框
边框
列表
定位
扩展

字体(F)： 宋体

大小(S)： 12　像素(px)　　粗细(W)： 正常

样式(T)：　　　　　　　　变体(V)：

行高(I)： 15　像素(px)　　大小写(E)：

修饰(D)： □ 下划线(U)　　颜色(C)： #000000
　　　　 □ 上划线(O)
　　　　 □ 删除线(L)
　　　　 □ 闪烁(B)
　　　　 □ 无(N)

确定　　取消　　应用(A)　　帮助

图 4 - 34　td 的 CSS 规则定义

小试牛刀

制作页面表格、图片和文字内容，并利用 CSS 样式表修饰页面内容，最后利用时间轴制作一个宣传站点的移动窗口。

任务三　集体亮相——设计"学生文具"

任务下达

通过模板建立"学生文具"页面。

 **知识准备**

1. Dreamweaver 8 模板

模板是一种特殊类型的文档，用于设计"固定的"页面布局；可以基于模板创建文档，从而使创建的文档继承模板的页面布局。设计模板时，可以指定在基于模板的文档中用户可以编辑文档的哪些区域。

模板创作者在模板中设计"固定的"页面布局。然后创作者在模板中创建可在基于该模板的文档中进行编辑的区域；如果创作者没有将某个区域定义为可编辑区域，那么模板用户就无法编辑该区域中的内容。

模板最强大的用途之一在于一次更新多个页面。从模板创建的文档与该模板保持连接状态（除非以后分离该文档），可以修改模板并立即更新基于该模板的所有文档中的设计。

2. 模板区域的类型

将文档另存为模板时，Dreamweaver 8 自动锁定文档的大部分区域。模板创作者指定基于模板的文档中的哪些区域可编辑，方法是在模板中插入可编辑区域或可编辑参数。

创建模板时，可编辑区域和锁定区域都可以更改。但是，在基于模板的文档中，模板用户只能在可编辑区域中进行更改，无法修改锁定区域。

常见的四种类型的模板区域如下：

（1）可编辑区域是基于模板的文档中的未锁定区域，是模板用户可以编辑的部分。模板创作者可以将模板的任何区域指定为可编辑区域。要让模板生效，它应该至少包含一个可编辑区域；否则，将无法编辑基于该模板的页面。

（2）重复区域是文档中设置为重复的布局部分。例如，可以设置重复一个表格行。通常重复部分是可编辑的，这样模板用户可以编辑重复元素中的内容，同时使设计本身处于模板创作者的控制之下。在基于模板的文档中，模板用户可以根据需要使用重复区域控制选项添加或删除重复区域的副本。可以在模板中插入两种类型的重复区域：重复区域和重复表格。有关在模板中插入重复区域的信息，请参见在模板中创建重复区域。有关创建重复表格的信息，请参见插入重复表格。有关在基于模板的页面中使用重复区域的信息，请参见添加、删除重复区域以及更改其顺序。

（3）可选区域是在模板中指定为可选的部分，用于保存有可能在基于模板的文档中出现的内容（如可选文本或图像）。在基于模板的页面上，模板用户通常控制是否显示内容。有关在模板中设置可选区域的信息，请参见插入可选区域。

（4）可编辑标签属性即可以在模板中解锁标签属性，以便该属性可以在基于模板的页面中编辑。有关设置可编辑标签属性的信息，请参见在模板中指定可编辑标签属性。

3. 模板中的链接

若要在模板文件中创建链接，可以使用"属性"检查器中的文件夹图标或"指向文件"图标。不要键入要链接到的文件的名称，如果键入名称，链接可能不能工作。

当从现有页面创建模板文件并将该页另存为模板时，Dreamweaver 8 将更新链接，使其与以前一样指向相同的文件。因为模板保存在 Templates 文件夹中，当将页面另存为模板时，文档相对应链接的路径将被更改。在 Dreamweaver 8 中，当基于该模板创建新文档并保存新文档时，所有文档相对应链接将继续指向正确的文件。

但是，当向模板文件中添加新的文档相对链接时，如果在"属性"检查器的链接文本框中键入路径，很容易输入错误的路径名。正确的路径是从 Templates 文件夹到链接文档的路径，而不是从基于模板的文档的文件夹到链接文档的路径。

4. 嵌套模板

嵌套模板是指其设计和可编辑区域都基于另一个模板的模板。若要创建嵌套模板，必须首先保存原始模板或基本模板，然后基于该模板创建新文档，最后将该文档另存为模板。在新模板中，原来在基本模板中定义为可编辑的区域仍然可以定义为可编辑区域。

嵌套模板对于控制共享许多设计元素站点页面中的内容很有用，但在各页之间有些差异。例如，基本模板中可能包含更宽广的设计区域，并且可以被站点的许多内容提供者使用，而嵌套模板可以进一步定义站点内特定部分页面中的可编辑区域。

5. 创建 Dreamweaver 8 模板

可以从现有文档中创建模板，也可以从新建的空白文档中创建模板。创建模板后，可以插入模板区域，也可以为代码颜色和模板区域高亮颜色设置模板首选参数。可以在模板的"设计备注"文件中存储关于模板的附加信息（如创作者、最后一次更改的时间或做出某些布局决定的原因）。

(1) 若要创建模板，请执行以下操作：

1) 打开要另存为模板的文档。

若要打开一个现有文档，请选择"文件"→"打开"，然后选择该文档。

若要打开一个新的空文档，请选择"文件"→"新建"。在出现的对话框中，选择"基本页"或"动态页"，选择要使用的页面类型，然后单击"创建"。

2) 文档打开时，执行下列操作：

选择"文件"→"另存为模板"。或在"插入"栏的"常用"类别中，单击"模板"按钮上的箭头，然后选择"创建模板"，出现"另存为模板"话框。

3) 从"站点"弹出菜单中选择一个用来保存模板的站点，并在"另存为"文本框中为模板输入一个唯一的名称。

4) 单击"保存"。

Dreamweaver 8 将模板文件保存在站点的本地根文件夹中的 Templates 文件夹中，使用文件扩展名".dwt"。如果该 Templates 文件夹在站点中尚不存在，Dreamweaver 8 将在保存新建模板时自动创建该文件夹。

(2) 使用"资源"面板创建新模板：

1) 在"资源"面板（"窗口"→"资源"）中，选择面板左侧的"模板"类别，就会显示"资源"面板的"模板"类别。

2) 单击"资源"面板底部的"新建模板"按钮，一个新的无标题模板将被添加到"资源"面板的模板列表中。

3) 在模板仍处于选定状态时，输入模板的名称，然后按 Enter 键（Windows）或 Return（Macintosh）。

实践向导

1. 建立模板

（1）执行"文件"→"新建"命令，弹出如图 4-35 所示的对话框，在"常规"选项卡的"类别"栏选中"基本页"，在"基本页"栏选中"HTML 模板"，单击"创建"按钮。

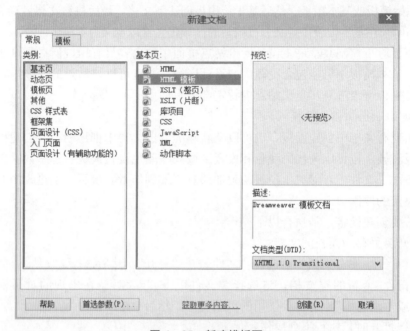

图 4-35　新建模板页

（2）执行"文件"→"保存"命令保存空模板文件，这时弹出对话框，如图 4-36 所示，提醒本模板没有可编辑区域，选中"不再警告我"复选框，点击确定，保存文件名为"content3.dwt"。

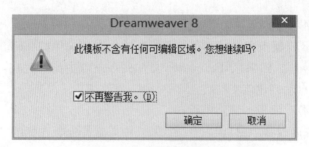

图 4-36　保存模板页

（3）打开"content3.dwt"模板，设置它的背景颜色为"♯D4C68D"，将光标置于页面中，单击主菜单中的"插入"→"布局对象"→"层"选项，在当前光标处插入一个层，如图 4-37 所示。

（4）在当前层中插入一个 8 行 2 列的表格，表格设置如图 4-38 所示，合并第 1 列的第 1 到第 4 单元格。

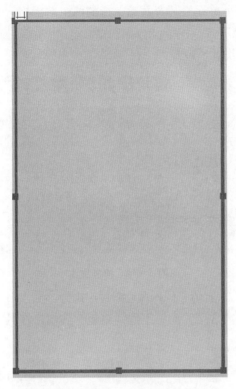

图 4 - 37 设置背景颜色并插入一个层

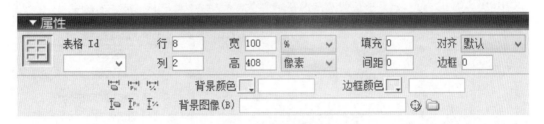

图 4 - 38 插入表格

（5）在第 1 行的第 2 个单元格中设置背景图片"images/title.gif"，第 3 行的第 2 个单
元格中同样设置背景图片"images/title1.gif"，如图 4 - 39 所示。

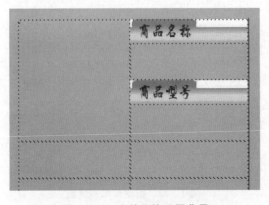

图 4 - 39 为单元格设置背景

（6）合并第 5 行的两个单元格，合并第 7 行的两个单元格，在第 5 行单元格中设置背景图片"images/title.png"，在第 7 行单元格中插入一水平线，在最后 1 行单元格中输入公共部分需要的文字，如图 4 - 40 所示。

图 4 - 40　添加文本

（7）将光标定位在第 1 行的第 1 个单元格内，执行"插入"→"模板对象"→"可编辑区域"命令，或者单击"常用"面板下的"模板"按钮，在其下拉列表中选择"可编辑区域"，如图 4 - 41 所示。

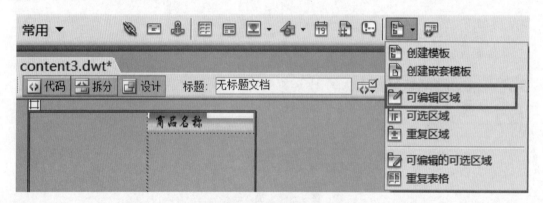

图 4 - 41　模板对象

（8）在弹出的"新建可编辑区域"对话框中输入可编辑区域的名称，如图 4 - 42 所示，点击"确定"按钮，在文档中加入一个可编辑区域便完成了。

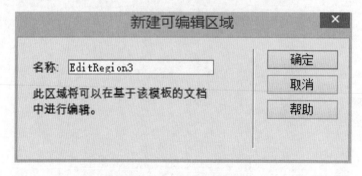

图 4 - 42　新建可编辑区域

（9）可编辑区域在模板文档中用彩色（默认为蓝色）高亮度显示，在顶端有一个描述性文字，插入可编辑区域后在 Dreamweaver 8 中的效果如图 4-43 所示。

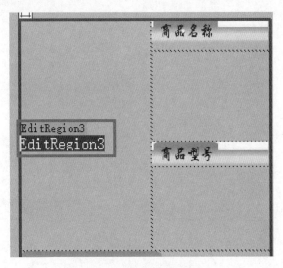

图 4-43　可编辑区域

（10）用同样的方法设置表格的第 2 行的第 2 个单元格、第 4 行的第 2 个单元格以及第 6 个单元格为可编辑区域，如图 4-44 所示。对于没有设定可编辑区域的单元格在利用该模板创建页面的时候是不能够编辑的，使用模板创建的页面不仅可以免除公共部分的重复劳动，而且对于后期更新网站的工作也是一劳永逸的。

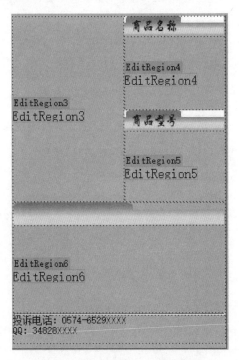

图 4-44　设置其他可编辑区域

（11）用同样的方法，设置模板的右侧页面，如图 4-45 所示。这样，模板"content3.

dwt"就创建完成了。

图 4 - 45 设置完成后的效果

2. 利用模板创建学生文具页面

（1）执行"文件"→"新建"命令，打开新建文件对话框，选择"模板"选项卡，选中模板"content3"，如图 4 - 46 所示。

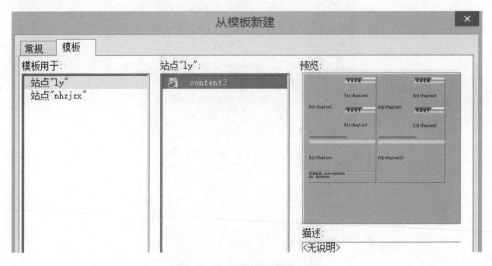

图 4 - 46 利用模板创建页面

（2）此时创建了一个以"content3. dwt"为模板的页面，如图 4 - 47 所示。凡是有蓝色方框的区域都是可以编辑的，其他区域则是公共部分，不能编辑。

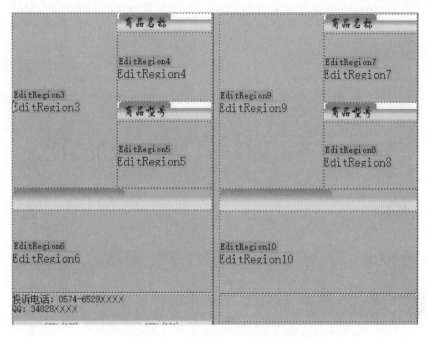

图 4 - 47 以"content3. dwt"为模板的页面

（3）在可编辑区域 EditRegion4、EditRegion5 中输入商品名称和商品型号，并且利用前面的知识创建新样式 style4（字体为"宋体"，颜色为"黑色"，大小为"12"像素，行高为"16"像素），设置可编辑区域中的文字应用样式 style4，效果如图 4 - 48 所示。

（4）在 EditRegion3 中插入图片"images/deli.jpg"，在 EditRegion6 中输入商品简介，并应用样式 style4，效果如图 4 - 49 所示。

图 4 - 48 效果图

图 4 - 49 填充可编辑区域

（5）页面右侧表格的制作过程同上。

小试牛刀

制作一个模板，利用模板来制作个人网站的心情日记页面和个人作品欣赏页面。

任务四　观点聚集——设计"使用心得"

任务下达

制作"使用心得"页面，并利用行为在页面中添加一些特效。

知识准备

1. 使用 JavaScript 行为

Macromedia Dreamweaver 8 将 JavaScript 代码放置在文档中，以允许访问者与 Web 页进行交互，从而以多种方式更改页面或引起某些任务的执行。行为是事件和由该事件触发的动作的组合。在"行为"面板中，可以先指定一个动作，然后指定触发该动作的事件，从而将行为添加到页面中。

实际上，事件是浏览器生成的消息，指示该页的访问者执行某种操作。例如，当访问者将鼠标指针移动到某个链接上时，浏览器为该链接生成一个 onMouseOver 事件；然后浏览器查看是否存在当为该链接生成该事件时浏览器应该调用的 JavaScript 代码（这些代码是在被查看的页面中指定的）。不同的页元素定义了不同的事件，例如，在大多数浏览器中，onMouseOver 和 onClick 是与链接关联的事件，而 onLoad 是与图像和文档的 body 部分关联的事件。动作是由预先编写的 JavaScript 代码组成的，这些代码执行特定的任务，例如打开浏览器窗口、显示或隐藏层、播放声音或停止 Macromedia Shockwave 影片。Dreamweaver 8 提供的动作是由 Dreamweaver 8 工程师精心编写的，其提供了最大的跨浏览器兼容。

将行为附加到页元素之后，只要对该元素发生了所指定的事件，浏览器就会调用与该事件关联的动作（JavaScript 代码，可以用来触发给定动作的事件随浏览器的不同而有所不同）。例如，如果将"弹出消息"动作附加到某个链接并指定它将由 onMouseOver 事件触发，那么只要某人在浏览器中用鼠标指针指向该链接，在弹出的对话框中就会显示相应的消息。Dreamweaver 8 提供了大约 20 多个行为动作，我们可以在 Macromedia Exchange Web 站点以及第三方开发人员站点上找到更多的动作。如果精通 JavaScript，还可以编写自己的行为动作。

2. 使用"行为"面板

若要打开"行为"面板，请执行以下操作：选择"窗口"→"行为"。已附加到当前所选页元素的行为显示在行为列表中（面板的主区域），事件以字母顺序排列。如果同一个事件有多个动作，则将以在列表上出现的顺序执行这些动作。如果行为列表中没有显示任何行为，则意味着没有行为附加到当前所选的页元素。

每个浏览器都提供一组事件，这些事件可以与"行为"面板的"动作"（＋）弹出式菜单中列出的动作相关联。当 Web 页的访问者与页进行交互时（例如单击某个图像），浏览器生成事件，这些事件可用于调用引起动作发生的 JavaScript 函数（没有用户交互也可以生成事件，例如设置页每 10s 自动重新载入）。Dreamweaver 8 提供了许多可以使用这些事件触发的常用动作。

我们可以为每个事件指定多个动作。动作按照它们在"行为"面板"动作"列中列出的顺序发生。

3. Dreamweaver 8 自带的行为动作

Dreamweaver 8 自带的行为动作是为了在 Netscape Navigator4.0 和更高版本以及IE7.0 和更高版本中使用而编写的。其中大多数行为动作也可用于 Netscape Navigator3.0版本和更高版本（与层相关的行为在 Netscape Navigator3.0 中不起作用）。其中大多数行为动作在 IE 7.0 版本中运行时偶尔也会发生问题。Dreamweaver 8 自带的行为包括调用JavaScript、改变属性、检查浏览器、检查插件、控制 Shockwave 或 Flash、拖动层、转到URL、跳转菜单、打开浏览器窗口、播放声音、弹出消息、预先载入图像、设置框架文本、设置层文本、设置状态栏文本、设置文本域文本、显示—隐藏层、显示弹出菜单、交换图像、恢复图像交换、检查表单等。

（1）调用 JavaScript。"调用 JavaScript"动作允许使用"行为"面板指定当发生某个事件时应该执行的自定义函数或 JavaScript 代码行（可以自己编写 JavaScript 或使用 Web上免费的 JavaScript 库中提供的代码）。

（2）改变属性。使用"改变属性"动作可以更改对象某个属性（如层的背景颜色或表单的动作）的值。可以更改的属性是由浏览器决定的，在 IE 6.0 中可以通过此行为更改的属性比 IE 6.0 或 Netscape Navigator 3.0、4.0 多得多。我们可以动态设置层的背景颜色。

（3）检查浏览器。使用"检查浏览器"动作，可根据访问者不同类型和版本的浏览器将他们转到不同的页。例如，您可以使用"检查浏览器"将使用 Netscape Navigator 4.0或更高版本浏览器的访问者转到一页，而将使用 IE 7.0 或更高版本的访问者转到另一页，并将使用任何其他类型浏览器的访问者留在当前页上。

（4）检查插件。使用"检查插件"动作，可根据访问者是否安装了指定的插件这一情况将他们转到不同的页。例如，可以将安装 Shockwave 的访问者转到一页，将未安装该软件的访问者转到另一页。

（5）控制 Shockwave 或 Flash。"控制 Shockwave 或 Flash"动作可用来播放、停止、后退或转 Macromedia Shockwave 或 Macromedia Flash SWF 文件中的帧。

（6）拖动层。"拖动层"动作允许访问者拖动层。使用此动作可创建拼板游戏、滑块控件和其他可移动的界面元素。

（7）转到 URL。"转到 URL"动作适用于在当前窗口或指定的框架中打开一个新页。

此操作尤其适用于通过一次单击更改两个或多个框架的内容。

（8）跳转菜单。当使用"插入"→"表单对象"→"跳转菜单"创建跳转菜单时，Dreamweaver 8 将创建一个菜单对象，并向其附加一个"跳转菜单"（或"跳转菜单转到"）行为。通常不需要手动将"跳转菜单"动作附加到对象。

（9）打开浏览器窗口。使用"打开浏览器窗口"动作可在一个新的窗口中打开 URL。可以指定新窗口的属性（包括其大小）、特性（它是否可以调整大小、是否具有菜单栏等）和名称。例如，可以使用此行为在访问者单击缩略图时，在一个单独的窗口中打开一个较大的图像，即使用此行为，可以使新窗口与该图像恰好一样大。

（10）播放声音。使用"播放声音"动作可用来播放声音。例如，可以要在每次鼠标指针滑过某个链接时播放一段声音或在页面载入时播放音乐。

（11）弹出消息。"弹出消息"动作显示一个带有您指定消息的 JavaScript 警告。因为 JavaScript 警告只有一个按钮（"确定"），所以使用此动作可以提供信息，而不能为用户提供选择。

（12）预先载入图像。"预先载入图像"动作可将不会立即出现在页面上的图像（如那些通过行为或 JavaScript 载入的图像）载入浏览器缓存中。这样可防止当图像应该出现时由于下载而导致延迟。

（13）设置导航栏图像。使用"设置导航栏图像"动作可将某个图像变为导航栏图像或更改导航栏中图像的显示和动作。

（14）设置框架文本。"设置框架文本"动作允许您动态设置框架的文本，用指定的内容替换框架的内容和格式设置。该内容可以包含任何有效的 HTML 源代码。使用此动作可以动态显示信息。

（15）设置层文本。"设置层文本"动作用指定的内容替换页面上现有层的内容和格式设置。该内容可以包括任何有效的 HTML 源代码。

（16）设置状态栏文本。"设置状态栏文本"动作在浏览器窗口底部左侧的状态栏中显示消息。例如，可以使用此动作在状态栏中说明链接的目标而不是显示与之关联的 URL。若要查看状态消息示例，请将鼠标指针滑过"使用 Dreamweaver"。访问者常常会忽略或注意不到状态栏中的消息（而且并不是所有的浏览器都提供设置状态栏文本的完全支持）；如果消息非常重要，请考虑将其显示为弹出式消息或层文本。

（17）显示—隐藏层。"显示—隐藏层"动作可显示、隐藏或恢复一个或多个层的默认可见性。此动作用于用户与页进行交互时显示信息。例如，当用户将鼠标指针滑过一个植物的图像时，可以显示一个层，给出有关该植物的生长季节和地区、需要多少水分、可以长到多大等详细信息。

（18）显示弹出菜单。使用"显示弹出菜单"行为可用来创建或编辑 Dreamweaver 弹出式菜单，或者打开并修改已插入 Dreamweaver 8 文档的 Fireworks 弹出式菜单。

（19）交换图像。"交换图像"动作通过更改 img 标签的 src 属性将一个图像和另一个图像进行交换。

（20）恢复交换图像。"恢复交换图像"动作将最后一组交换的图像恢复为之前的源文件。每次将"交换图像"动作附加到某个对象时都会自动添加该动作。如果您在附加"交换图像"时选择了"恢复"选项，就不再需要手动选择"恢复交换图像"动作了。

（21）检查表单。"检查表单"动作检查指定文本域的内容，以确保用户输入了正确的数据类型。使用 onBlur 事件将此动作分别附加到各文本域，在用户填写表单时对域进行检查；或使用 onSubmit 事件将其附加到表单，在用户单击"提交"按钮时同时对多个文本域进行检查。将此动作附加到表单可以防止表单提交到服务器后任何指定的文本域包含无效的数据。

实践向导

1. 利用模板创建"使用心得"页面

（1）执行"文件"→"新建"命令模板。打开新建文件对话框，选择"模板"选项卡，选中模板"content3"，如图 4 - 50 所示。

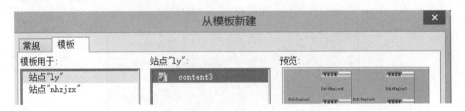

图 4 - 50　利用模板创建页面

（2）此时创建了一个以"content3.dwt"为模板的页面，如图 4 - 51 所示，凡是有蓝色方框的区域都是可编辑的，其他区域则是公共部分，不能编辑。

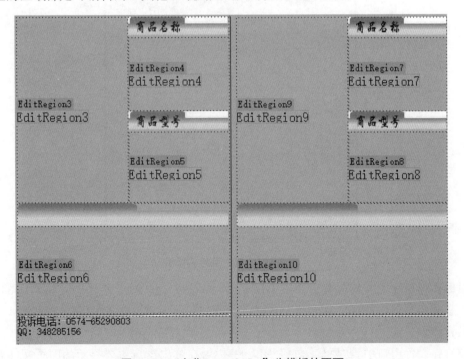

图 4 - 51　以"content3.dwt"为模板的页面

（3）在可编辑区域 EditRegion4、EditRegion5 中输入商品名称和商品型号，并且利用前面的知识创建新样式 style4（字体为"宋体"，颜色为"黑色"，大小为"12"像素，行高为"16"像素），设置可编辑区域中的文字应用样式 style4，效果如图 4 - 52 所示。

（4）在 EditRegion3 中插入图片"images/jbd.jpg"，在 Edit-Region6 中输入使用心得，并应用样式 style4，效果如图 4 - 53 所示。

（5）页面右侧的表格的制作过程同上。

2. 利用行为制作弹出窗口

（1）首先制作一个在小窗口中显示的页面，由于弹出窗口一般都不大，因此这个页面要做得小一点。

图 4 - 52 效果图

（2）打开"content1.html"，将光标移到页面中表格以外，注

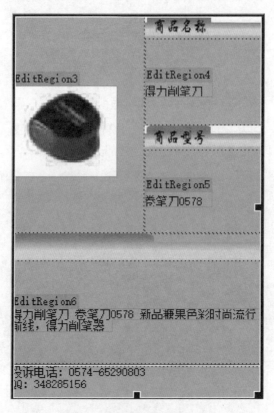

图 4 - 53 填充可编辑区域

意此时编辑窗口左下方的标签选择栏中仅显示"body"这一项。点击行为窗口上的"＋"按钮，从弹出菜单中选择"打开浏览器窗口"，如图 4 - 54 所示。此时将出现如图 4 - 55 所示的设置窗口。

（3）在设置窗口中，"要显示的 URL"一栏为在弹出窗口中要显示的网页文件名，可点击"浏览"按钮来选择，当然也可以直接输入，"窗口宽度"和"窗口高度"分别为弹

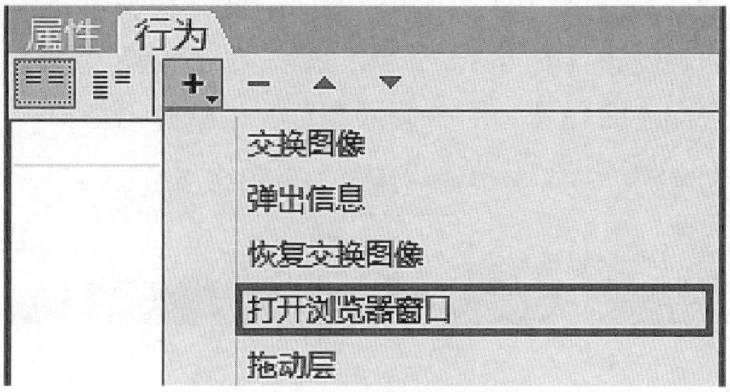

图 4 - 54　制作弹出窗口

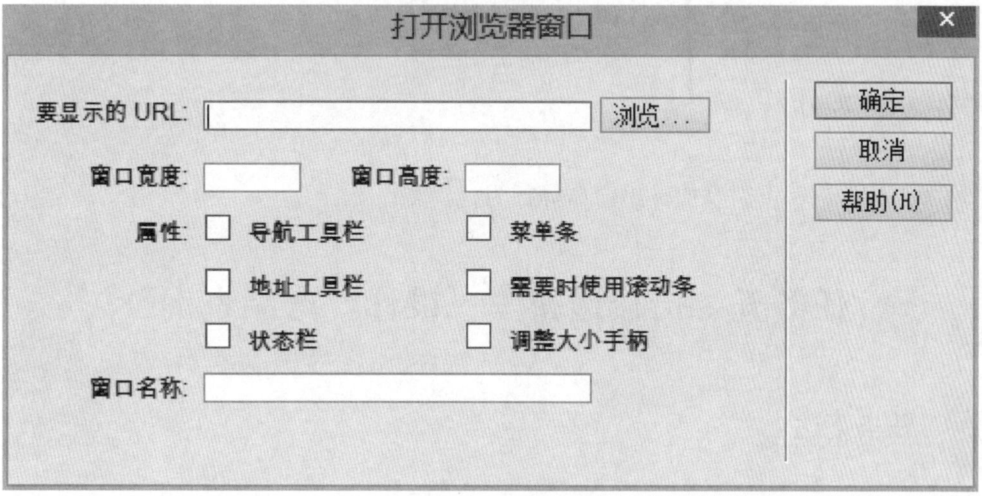

图 4 - 55　打开浏览器窗口

出窗口的宽和高，单位是像素，如图 4 - 56 所示。

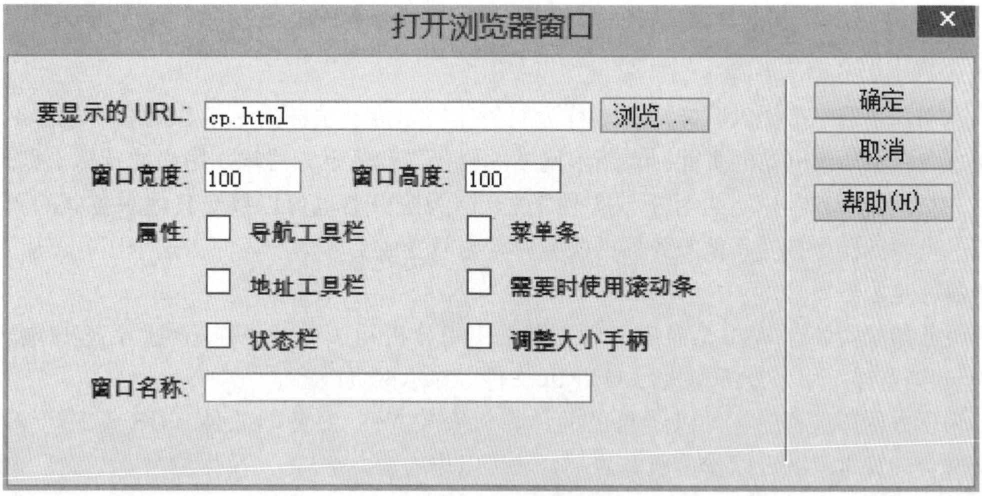

图 4 - 56　设置窗口属性

（4）设置完毕后，点击窗口中的"确定"按钮，此时行为窗口中将显示打开浏览器窗口这个行为，该行为的触发条件是 onLoad，如图 4-57 所示。如果触发条件不是 onLoad，请将该项设置正确，这样才能保证页面一调入浏览器中就弹出窗口。

图 4-57　设置触发条件

 小试牛刀

给"心情日记"页面添加弹出窗口等行为。

任务五　捷径透露——设计"产品查询"

 任务下达

为了更人性化地为用户服务，本次任务将设计"产品查询"页面。

 知识准备

1. 服务器端和客户端

通常，将网络中提供服务的一方称为服务器端，接受服务的一端称为客户端。例如，当用户在浏览新浪网站的页面时，新浪网站的服务器就是服务器端，用户的计算机则是客户端。服务器端和客户端的划分不是绝对的，因为服务器也可以接受其他服务器的服务，即当一个服务器在接受其他服务器的服务时，它就变成了客户端，而为这个服务器服务的服务器就是服务器端。

服务器端安装有 Web 信息服务管理器，用来分析和执行网络程序代码，客户端安装有 Web 浏览器，用来分析和执行 HTML 文件，显示网页内容。

为了方便调试程序，可以给自己的计算机安装 Web 服务器软件（IIS 或 PWS），如此，这台计算机就既可以作为服务器端，又可以作为客户端。

2. 静态网页

一般把没有嵌入程序脚本（Script）的网页称为静态网页。它是只由 HTML 标记组成的 HTML 文件。这种网页的扩展名一般为 .htm 或 .html。静态网页一经组成，其内容是不可以在用户访问时改变的。只要 HTML 文件不改变，不管何时何人访问，静态网页显示的内容都是一样的。如果要改变静态网页的显示，必须修改 HTML 文件的源代码（即 HTML 标记），再将 HTML 文件重新上传到服务器上。当客户端的用户在 Web 浏览器的"地址"下拉列表框中选择或输入一个网址并按 Enter 键后，就向 Web 服务器端提出了一个浏览网页的请求。Web 服务器端接到请求后，就会找到用户要浏览的静态网页文件，再将该文件发送给用户。

3. 动态网页

一般把嵌入了程序脚本（Script）的网页称为动态网页。这里所说的脚本，是指包含在网页中的程序段。它是由 HTML 标记和用网络程序设计语言编写的代码程序组成的文件。因采用的网络程序设计语言不同，动态网页的扩展名也不同，目前应用较多的网络程序设计语言有 ASP（动态网页的扩展名为 .asp）、ASP.NET（动态网页的扩展名为 .aspx）、PHP（动态网页的扩展名为 .php）和 JSP（动态网页的扩展名为 .jsp）。但不要把网页扩展名作为判断一个网站采用什么技术的依据，比如一个 PHP 网站，如果它的开发者愿意，可以把所有的 PHP 文件都改用".jsp"或".html"作为扩展名，只要对服务器的系统设置做相应的修改，就可以正常运行，使动态网页能够在不同时间和不同人访问时显示不同的内容，例如，常用的留言簿、聊天室等都是通过动态网页来实现的。

当客户端的用户在 Web 浏览器的"地址"下拉列表框中选择或输入一个网址并按 Enter 键后，就向 Web 服务器端提出了一个访问动态网页的请求，Web 服务器根据客户的请求来查找要访问的动态网页。找到要访问的动态网页后，Web 服务器执行动态网页中的代码程序，将动态网页转换为静态网页。然后，Web 服务器将转化后的静态网页发送回 Web 浏览器，响应浏览器的请求。客户端的用户就可以在客户端的 Web 浏览器中看到转换后的静态网页了。

4. 动态网页的功能

动态网页不但可以实现静态网页的一切功能，而且可以实现静态网页无法实现的许多功能。动态网页的功能包括以下几个方面：

（1）使用户可以快速方便地在一个内容丰富的 Web 站点中查找各种信息；

（2）使用户可以搜索、组织、浏览和下载所需的各种信息；

（3）使用户可以收集、保存和分析用户提供的数据；

（4）使用户可以对内容不断变化的 Web 站点进行动态更新。

需要特别说明的是，动态网页强大功能的实现往往是与数据库紧密联系的，也就是说，通过动态网页可以操作数据库，将数据库中的内容按照需求传送给访问数据库的用户，并在客户端的浏览器中显示出来。动态网页与数据库进行联系需要有相应的数据库驱动程序，采用的数据库不同，所需要的驱动程序也不同。如果数据规模不大，可以使用文件类型的数据库，例如，利用 Microsoft Access 创建的数据库；如果数据规模较大并且要求有良好的稳定性，则可以使用基于服务器的数据库，例如，利用 Microsoft SQL Server 或 MySQL 创建的数据库。

实践向导

1. 建立"产品查询"页面

（1）新建网页"news_search.asp"，设置页面的背景图片为"images/content.jpg"，在页面相应的位置插入一个层，在层中插入一个表单，在表单中设置表单的名称为"form1"，动作为"search_result.asp"，方法为"POST"，如图 4-58 所示。

图 4-58　设置表单属性

（2）在表单中输入搜索提示，然后插入文本域，设置文本域的名称为"title"，类型为"单行"，如图 4-59 所示。

图 4-59　设置文本域属性

（3）在文本域后面插入一个按钮，按钮名称为"Submit"，值为"搜索"，动作为"提交表单"，如图 4-60 所示。

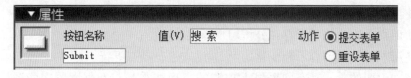

图 4-60　设置按钮属性

（4）在页面的左边插入一个层，在层中插入产品分类的表格，在表单下面插入一个层，在层中插入本实训推荐品牌的表格，效果如图 4-61 所示。

（5）在新建网页"search_result.asp"的相应位置插入一个层，在层中插入一个两行两列的表格，合并第二行的两个单元格，在表格中输入相应的文字，效果如图 4-62 所示。

（6）设置页面其他内容的方法同"news_search.asp"一样，效果如图 4-63 所示。

办公用品

笔筒	名片夹	报事贴	打孔机
剪刀	美工刀	文件盒	三针一钉
票夹	订书机	印台	胶水
胶带	证件夹	封箱器	笔筐

文件管理

文件夹	资料架	档案盒	报刊夹
拉边袋	风琴包	经理夹	挂劳筐
光盘包	资料册	挂快劳	文件盘

搜索产品：[   ] 搜索

图 4 – 61 产品查询页面

| 这里显示文具类型 | 这里显示文具名称 |

显示图片及相应的简介

图 4 – 62 查询结果表格设置

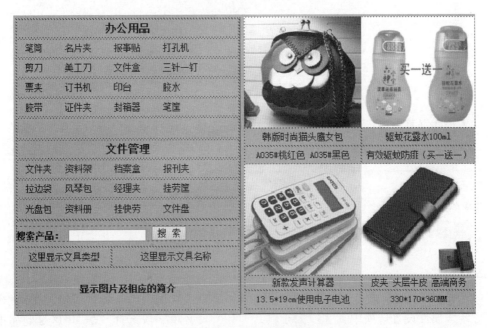

图 4 – 63 查询结果页面

2.创建数据库

（1）启动 Access 2013，在打开的数据库的对话框中，点击"文件"→"另存为"：Access 2000—2003 数据库，扩展名为".mdb"，如图 4-64 所示。接着点击"另存为"按钮。将数据库存储到"宁海职教中心—实训网站"的根目录中，文件取名为"news.mdb"即可。

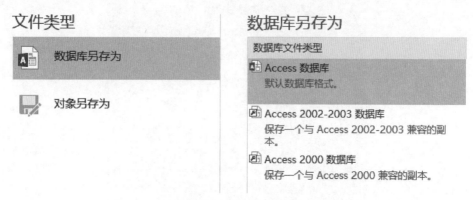

图 4-64　创建 Access 数据库

（2）如图 4-65 所示，在 news 数据库的数据库窗口中双击"使用设计器创建表"，此时进入表设计窗口。

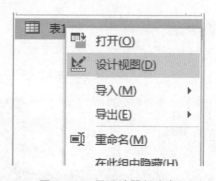

图 4-65　用设计器创建表

（3）当在屏幕上显示的"表 1"上点击右键选择"设计视图"时，会自动创建一个"ID"字段的"主键"，如图 4-66 所示。

图 4-66　设计表的字段

（4）在第二行的"字段名称"输入"newstitle"，"数据类型"选择"短文本"。在窗口下方字段属性设置选项中，字段大小输入"100"，必填字段选择"是"，这是商品类型的字段，接下来使用相同的方法，依照表 4-1 把其他字段建立起来。

表 4 - 1   表的各个字段属性

意　义	字段名称	数据类型	字段大小	必填字段	允许空字符
商品编号	ID	自动编号			
商品类型	newstitle	短文本	100	是	否
商品简介	content	长文本		是	否
商品名称	newsname	短文本		是	

（5）输入完成后，在设计窗口的表中的各个字段如图 4 - 67 所示，将表保存，保存的文件名称输入"News"。到此，数据库的创建就完成了。

news	
字段名称	数据类型
ID	自动编号
newstitle	短文本
content	长文本
newsname	短文本

图 4 - 67　保存数据库表

3. 设定动态数据源

（1）点击 Windows 的"开始"→"设置"→"控制面板"，打开控制面板，再打开控制面板中的管理工具，双击 ODBC 数据源图标打开 ODBC 数据源，选择"系统 DSN"选项卡，如图 4 - 68 所示。

图 4 - 68　ODBC 数据源管理程序（64 位）

（2）选择"系统 DSN"选项卡，然后点击"添加"按钮，如图 4 - 69 所示，由于实例中使用的是 Access 数据库，所以在数据库的驱动程序中选择"Microsoft Access Driver（＊.mdb）"，然后按下"完成"按钮。

图 4-69 创建新数据源

（3）在数据源设置窗口中，在"数据源名"中输入"news"，点击数据库文件"选择"按钮，选择网站根目录中的"news.mdb"。设置完毕后点击"确定"按钮，如图 4-70 所示。

图 4-70 设置数据源

（4）这时会发现系统 DSN 窗口中已经多了一个名为"news"的数据库。

4. 定义动态站点及连接数据库

（1）打开"控制面板"，选择"Internet 信息服务"，打开信息服务窗口，右击"网站"，选择"添加网站"，如图 4-71 所示。

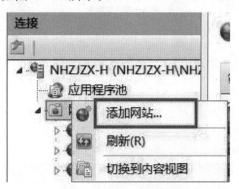

图 4-71 创建虚拟目录

（2）打开 search_result.asp 页面，从主菜单中选择"窗口"→"数据库"，打开数据库管理窗口，点击 ![按钮] 按钮，从弹出的菜单中选择"数据源名称"定义数据库连接，如图 4-72 所示。

图 4-72 定义数据库连接

（3）此时出现如图 4-73 所示的数据库连接窗口，在"连接名称"一栏输入"news"，这个名称可自定义。在"数据源名称"一栏的下拉菜单中选择前面设定好的"news"就可以了。另外，在"Dreamweaver 应连接"一栏选择"使用本地 DSN"。

图 4-73 数据源名称

（4）按下窗口右边的"测试"按钮，测试是否可以与数据库正确连接，如果出现如图 4-74 所示的窗口，说明数据库连接成功了。

（5）按下"确定"按钮完成数据库连接的设定。此时数据库窗口中出现了一个名为

图 4-74 创建连接脚本

"news"的连接，如图 4-75 所示。

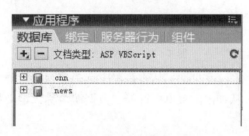

图 4-75 完成数据库连接

5. 结果页面的设置

（1）点击窗口上的 ⬛ 按钮，从弹出的菜单中选择"记录集"，为搜索结果页面定义一个记录集，在记录集设置窗口中，"名称"一栏命名为"Recordset1"，"连接"一栏选择"news"，"表格"一栏选择"news"，"列"一栏选择"全部"，如图 4-76 所示。

图 4-76 定义记录集

（2）选中页面上的"这里显示文具类型"字样，点击数据绑定面板中的"newstitle"

字段，再按"插入"按钮，将它以动态内容替换，如图 4 - 77 所示。

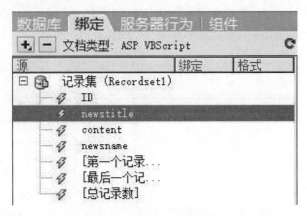

图 4 - 77 绑定记录"newstitle"

（3）选取页面表格中的"这里显示文具名称"字样，点击数据绑定面板中的"news-name"字段，再按"插入"按钮，将它以动态内容替换，如图 4 - 78 所示。

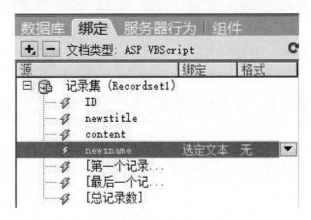

图 4 - 78 绑定记录"newsname"

（4）选取页面表格中的"这里显示文具简介"字样，点击数据绑定面板中的"content"字段，再按"插入"按钮，将它以动态内容替换，如图 4 - 79 所示。

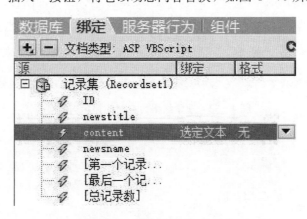

图 4 - 79 绑定记录"content"

（5）在编辑窗口中显示搜索内容的表格下面输入"对不起，没有你搜索的内容"字样。然后选中这几个字，点击"服务器行为"窗口上的 按钮，从弹出的菜单中选择"显示区域"→"如果记录集为空则显示区域"，如图4-80所示。

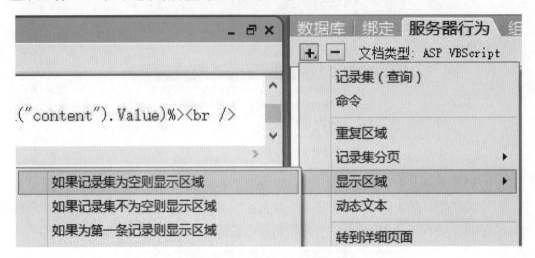

图4-80 服务器行为显示区域

（6）此时出现如图4-81所示的窗口，在窗口中的"记录集"一栏选"Recordset1"，点击"确定"按钮完成设置。

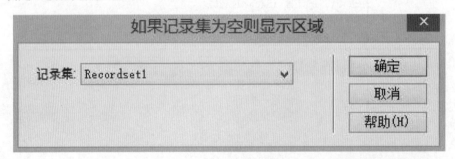

图4-81 选择记录集

（7）当用户搜索的结果为空时，显示"对不起，没有你搜索的内容"，如图4-82所示。

图4-82 搜索结果为空时的显示内容

小试牛刀

为你的网站添加一个查询页面。

任务六 优胜劣汰——设计"评价产品"

 任务下达

如果要知道产品的销售情况，特别是了解哪些产品比较受欢迎、哪些产品滞销，在网站上制做一个销售产品的评价网页是非常有帮助的。本任务就是要做一个销售产品的评价网页。

 知识准备

（1）Dreamweaver 8 框架网页的应用。

（2）网站中 ASP 的应用。

 实践向导

1. 创建框架网页

（1）新建一个网页，然后在其中插入一个"左侧和嵌套的顶部框架"，如图 4－83 所示。

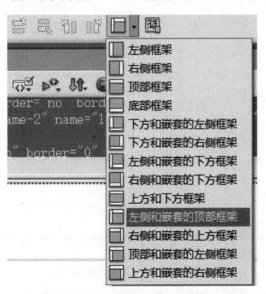

图 4－83 左侧和嵌套的顶部框架

（2）这种框架还不能满足此任务的要求，所以还要在下面的那个框架中插入一个"底部框架"，如图 4－84 所示。

（3）至此，框架的布局完成，效果如图 4－85 所示。

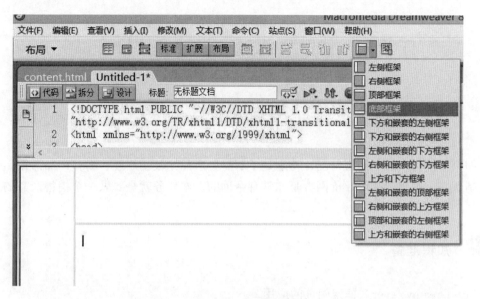

图 4 - 84　底部框架

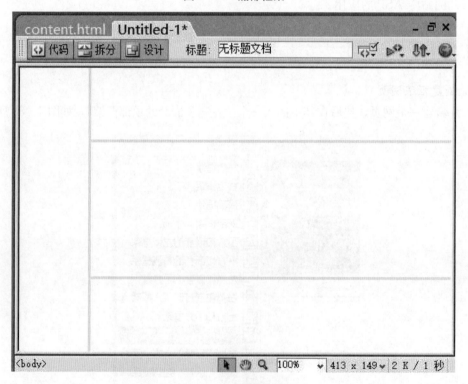

图 4 - 85　框架效果

（4）接下来要对每一个框架进行定义。单击"窗口"菜单中的"框架"选项，如图 4 - 86 所示。这时在 Dreamweaver 8 的右下方会出现"框架"的面板组，如图 4 - 87 所示。

（5）点击每个框架，然后在每个框架的属性中修改框架的名称。上面的命名为 "top"，下面的命名为"bottom"，左边的命名为"left"，中间的命名为"main"，如图 4 - 88

所示。

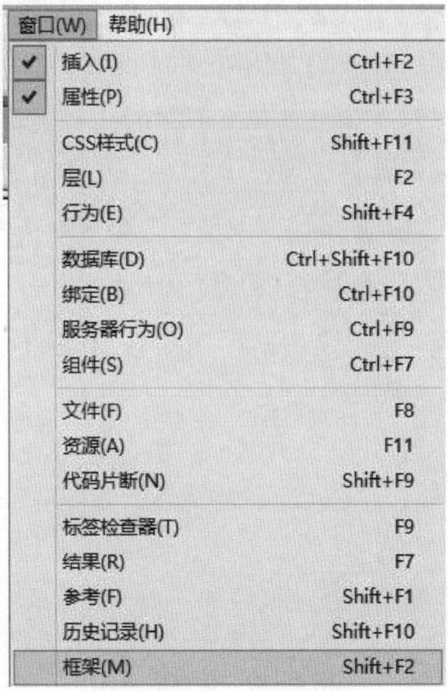

窗口(W)	帮助(H)	
✓ 插入(I)	Ctrl+F2
✓ 属性(P)	Ctrl+F3
CSS样式(C)	Shift+F11
层(L)	F2
行为(E)	Shift+F4
数据库(D)	Ctrl+Shift+F10
绑定(B)	Ctrl+F10
服务器行为(O)	Ctrl+F9
组件(S)	Ctrl+F7
文件(F)	F8
资源(A)	F11
代码片断(N)	Shift+F9
标签检查器(T)	F9
结果(R)	F7
参考(F)	Shift+F1
历史记录(H)	Shift+F10
框架(M)	Shift+F2

图 4－86 "框架"选项

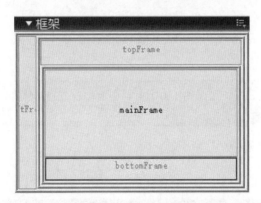

图 4－87 "框架"面板组

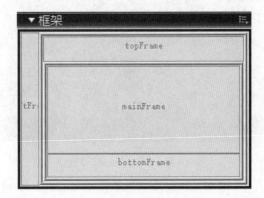

图 4－88 "框架"属性

（6）保存框架网页，由于一个框架就是一个网页，总的框架也是一个网页，所以要保存5个网页，保存的时候要看清楚保存的是哪个框架，就用哪个框架的名字保存，这样便于记忆。总的框架保存为index. html，如图4-89所示。

图4-89 保存框架

2. 美化网页

（1）框架建好以后就可以对框架填充内容以及美化网页了。单击"top. html"，添加标题文字——"产品销售评价"，网页的背景颜色为"♯993366"，效果如图4-90所示。

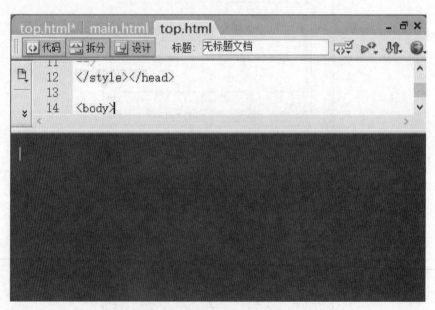

图4-90 "top. html"网页

（2）单击"main. html"网页，添加文字"产品销售评价……可以查看结果。"添完后的效果如图4-91所示。

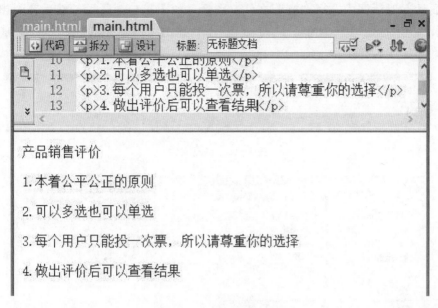

图 4-91 "main.html" 网页

（3）下面将对网页"left.html"进行修饰。单击"left.html"网页，然后在网页中插入文字"铅笔筒　钢笔　书包　橡皮擦　计算器"，如图 4-92 所示。

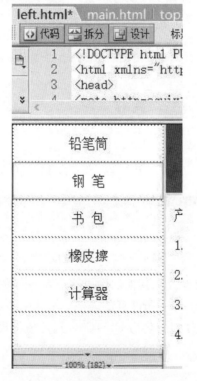

图 4-92 left.html 网页

（4）对网页中的 5 个产品进行超链接设置，要求当点击铅笔筒的时候在"main.html"范围出现对应的铅笔筒的图片介绍。操作如下：选中"铅笔筒"，在下面的"属性"对话框中选择"浏览文件"图标，如图4-93所示，然后在弹出的对话框中选择对应的图片"1.jpg"，如图4-94所示。超链接的属性"目标"选择"main"，如图4-95所示。

图4-93　浏览文件

图4-94　选择文件

图4-95　设置超链接属性

（5）"bottom.html"的设置和其他的网页有点不一样的地方就是要用到表单。单击"Bottom.thml"网页，插入一个一行两列的表格，然后在第一个表格中插入一个表单。在表单中插入5个复选按钮，分别命名为C1～C5，选定值都设置为"ON"，并且添加两个按钮，效果如图4-96所示。

 小试牛刀

请完成产品销售评价网页的设计。

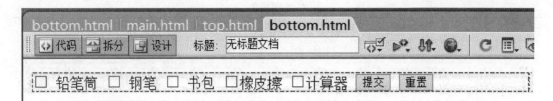

图 4 - 96　表单的设置

 项目总结

在实施项目的过程中，我们学习了网页编辑软件，涉及的知识内容与应掌握技能具体如下所述：

（1）框架页面的布局：创建框架页、设置框架集以及框架的各种属性。

（2）插入 Flash 按钮：插入不同种类的 Flash 按钮以及按钮的设置。

（3）CSS 样式的使用：创建自定义样式、重新定义 HTML 标签、创建动态链接样式表。

（4）了解时间轴：使用时间轴设定对象在页面中的运动。

（5）使用模板创建、更新网页：创建模板、建立可编辑区域、利用模板新建页面。

（6）行为及组件的使用：弹出窗口、在页面中播放声音、动态图片按钮、控制层的显示与隐藏、URL 的跳转。

（7）数据库的应用：创建数据库、设定动态数据源、连接数据库。

（8）动态站点：定义动态站点、添加数据页面、定义记录集、绑定数据记录等。

（9）ASP 的简单应用：制作产品评价。

 挑战自我

在个人网站上进行以下操作：

（1）所有页面中至少有一个页面为框架布局；

（2）编辑修饰页面要利用 CSS 样式表；

（3）利用时间轴完成一个对象的运动；

（4）站点中包含一个模板，且至少两个页面是利用模板创建的；

（5）利用行为及组件为页面添加一些特效；

（6）把站点设置成动态站点，添加数据库并连接数据库。

 项目评价

针对提交的网站，填写任务评价表。

任务评价表

项目名称：网站			制作者姓名		

项　目		评 价 内 容	得　分		
			自评	组评	师评
制作60分	基本操作	1. 设计思路清晰、层次分明、逻辑合理 □优秀　□良好　□一般　□差			
		2. 框架页面设计合理，易于浏览 □优秀　□良好　□一般　□差			
		3. 图片、动画、文字切合主题 □优秀　□良好　□一般　□差			
		4. 模板页面设计合理，易于操作 □优秀　□良好　□一般　□差			
		5. 设计新颖、富有创意 □优秀　□良好　□一般　□差			
		6. 各页面联系密切、统一和谐 □优秀　□良好　□一般　□差			
		7. CSS 样式表设计合理 □优秀　□良好　□一般　□差			
		8. 数据库设计合理、清晰 □优秀　□良好　□一般　□差			
		9. 动态数据源建立正确 □优秀　□良好　□一般　□差			
		10. 动态站点设置正确，数据库连接成功 □优秀　□良好　□一般　□差			
		11. 具有良好的人机界面和视觉效果 □优秀　□良好　□一般　□差			
		12. 预览时实现效果良好 □优秀　□良好　□一般　□差			
表达20分	仪表	13. 表述正确，声音洪亮，仪态自然大方 □优秀　□良好　□一般　□差			
	言辞	14. 语言精心组织，表达清晰，条理分明 □优秀　□良好　□一般　□差			
回答问题10分		15. 能够随机应变，正确回答提问 □优秀　□良好　□一般　□差			
合　作10分		16. 每个人都有具体的任务，配合默契，互相帮助 □优秀　□良好　□一般　□差			
总 计 得 分					

项目五
共享实训网站
——宁海职教中心实训网之测试篇

 项目引言

为提高"宁海职教中心—实训网"的知名度，企划部需要把该实训网站发布到网上去，让更多的人知道和了解本实训的产品，以便购买。

根据网站发布的规律，本项目可分成两个任务来完成：

任务一　我的地盘——获取网上空间；

任务二　广为人知——上传网站。

任务一　我的地盘——获取网上空间

 任务下达

网站做好以后，只有把产品发布到网上，人们才会知道和了解。下面要做的就是申请一个网站空间，把网站上传到这个空间，这样其他人就能看到我们做的网站了。

 知识准备

申请的常规步骤。

 实践向导

Internet 上现在联有数亿台的计算机，这些计算机不管是什么机型、运行什么操作系统、使用什么软件，都可以归结为两大类：客户机和服务器。客户机是访问别人信息的机器。当您通过邮电局或 ISP 拨号上网时，您的电脑就被临时分配了一个 IP 地址，利用这个临时身份证，就可以在 Internet 的海洋里获取信息，当断开连接后，您的电脑就脱离了

Internet，IP 地址也就被收回了。服务器则是提供信息让客户机访问的机器，通常又称为主机。由于人们任何时候都可能访问到它，因此作为主机必须每时每刻都连接在 Internet 上，拥有自己永久的 IP 地址。为此，不仅要配置专用的电脑硬件，还要租用昂贵的数据专线，再加上各种维护费用，如房租、人工、电费等，这绝不是每个人都能承受的。为此，人们开发了虚拟主机技术（Virtual Host）。

所谓虚拟主机，也叫"网站空间"，就是把一台运行在互联网上的服务器划分成多个"虚拟"的服务器，每一个虚拟主机都具有独立的域名和完整的 Internet 服务器（支持 WWW、FTP、E-mail 等）功能。一台服务器上的不同虚拟主机是各自独立的，并由用户自行管理。但一台服务器主机只能支持一定数量的虚拟主机，当超过这个数量时，用户将会感到性能急剧下降。

虚拟主机技术是互联网服务器采用的节省服务器硬件成本的技术，虚拟主机技术主要应用于 HTTP 服务，它将一台服务器的某项或者全部服务内容逻辑划分为多个服务单位，对外表现为多个服务器，从而充分利用服务器硬件资源。如果划分是系统级别的，则称为虚拟服务器。

网站空间建立在 WEB 服务器基础上，一般建站的用户都采用虚拟主机来完成。而一些大网站，使用的则是自己建设的 Web 服务器硬件。所以，一般所说的网站空间也代表虚拟主机，简单地讲，网站空间就是 Web 服务器上储存网站代码并提供访问的空间。

一般来说，实训网站的空间较小，采用 10M～50M 就可以了，娱乐性质的网站要大一点，下载服务、音乐电影等大型网站往往需要自己组建 Web 服务器。

虚拟主机最基本的功能包含 Web 访问和文件传输功能。虚拟主机技术的出现，是对 Internet 技术的重大贡献，也是广大 Internet 用户的福音。由于多台虚拟主机共享一台真实主机的资源，每个用户承受的硬件费用、网络维护费用、通信线路的费用均大幅度降低，Internet 真正成了人人用得起的网络。

1. 虚拟主机的优势

（1）费用低廉。尽管网上发布信息具有明显的宣传功能优势，但其费用的低廉仍是不可想象的。电台、电视台的广告虽然以秒计算，但费用也动辄成千上万；报纸广告费也价格不菲，超出多数单位及个人的承受力。网上发布信息由于节省了报纸的印刷和电台、电视台节目昂贵的制作费用，成本大大降低，使绝大多数单位及个人都可以承受。

（2）覆盖范围广。传统媒体，无论是电视、报纸、广播还是灯箱海报都不能跨越地域限制，只能对特定地区产生影响。

（3）成交概率高。对于传统媒介的广告，观众大多是被动接受的，不易产生效果。

（4）形式生动活泼。运用计算机多媒体技术，网上信息可以图、文、声、像等多种形式，将产品的形状、用途、使用方法、价格、购买方法等信息展示在用户面前。

（5）具有实时性。商家可以根据市场需要随时更改广告内容，灵活方便。

2. 虚拟主机选择要点

（1）看 IP 地址能否访问到。如果你的虚拟主机网站将来面向的是国内用户，就必须考虑这家虚拟主机上的 IP 地址在国内是否可以顺利访问到。如果你购买的虚拟主机客户访问不到，后续退款等手续则比较麻烦。比如某站点主营商在国外是很不错的主机商，但其 IP 在国内访问不完全，就不能买了。

（2）主机的硬件设施情况。虚拟主机提供商所拥有的虚拟主机机房是什么规模的数据中心，是否有足够机房线路的频宽，虚拟主机网站联网的速度能否同时满足其所有虚拟主机客户的流量带宽，等等。

（3）虚拟主机服务器上架设的网站数量。通常一个虚拟主机服务器能够架设上千个网站。一个虚拟主机如果网站数量很多，就应该拥有充足的 CPU 内存和使用服务器阵列，从虚拟主机分销商 reseller 处购买虚拟主机时，他们为了达到最高的盈利，会在一个主机上架设尽可能多的网站，这样会造成访问网站的速度很慢。

所以，最好的办法就是找寻一家有信誉的虚拟主机提供商，他们的每个虚拟主机服务器都有网站承载个数限制，但这个一般是不公开的。当然如果您对网站有很高的速度和控制要求，最终的解决方案还是自己购买独立的服务器。

（4）虚拟主机托管 ISP 和带宽。目前，国内有中国电信和中国联通等几大基础 ISP，由于网间带宽小，客户机和服务器在同一 ISP 内访问较快，虚拟主机接入 ISP 的带宽越宽，访问速度就越快。

（5）虚拟主机所使用的操作系统和服务。Windows 2008 较 Linux 支持的服务多，费用也贵。要注意是否支持 FrontPage 扩展功能、动易插件。

标准Ⅰ型和智强Ⅰ型支持 MySQL 数据库。

经济Ⅱ型支持 Access 数据库。

标准Ⅱ型和智强Ⅱ型支持 SQL SERVER 2000 数据库。

小试牛刀

请从网上申请一个免费的网站空间。

任务二　广为人知——上传网站

任务下达

申请完空间后，把网站上传到这个空间，即发布网站，这样其他人就能看到我们做的网站了。

知识准备

上传工具的使用。

实践向导

开办网站就要上传文件，那么，用什么软件上传自己的文件呢？这里，向大家推荐一款应用比较广泛、知名度比较高的 FTP 软件——CuteFTP。

CuteFTP 是功能强大的专业 FTP 软件，它采用拖放式的文件控制操作，具有书签管理功能，文件传输简单方便；它可以通过宏命令完成需要频繁操作的任务；具有单个文件和整个目录混合上传和下载功能，可以直接覆盖和删除远程文件和目录，具有远程文件夹和本地文件夹分析比较功能，确保上传、下载成功；可以编辑远程文件和文件夹，支持上传队列和下载队列功能；可以自动更正上传文件的文件名，强制使用小写文件名；可以自动更改文件属性，也可以根据文件属性设置上传、下载过滤；具有断点续传功能，断线后可自动连接、继续传输，直到文件上传或下载成功；还可以分类管理多个站点，使用连接和站点向导，帮用户快速连接到自己的 FTP 站点；内部集成的 CuteHTML 程序，可以轻松地修改、编辑网页；右键菜单可以方便地将文件发送到指定站点，也可创建、修改、调整目录，进行不同方式的文件排序；具有在线 MP3 和文件搜索功能。新版本 v4.x 还增加了防火墙定制选项、加密的站点管理以及自动更新等功能。

1. 必要的运行参数设置

选择 "Edtg" 菜单中的 "Settings"，打开 "Settings" 对话框。对话框分为左右两部分，左侧是运行参数选项组，包括 8 组 17 个选项；右侧是设置详细参数的选项区，在左侧选择任意一项，即可在右侧打开该项参数设置选项卡。常用的运行参数选项有：

（1）高级选项卡（Advanced）。用 "Receive" 和 "Send" 两个选项控制上传和下载及传送和接收的数据段大小；用 "Save Quick Connect history" 项确定使用快速连接方式，选中此项，在建立一次连接之后，下次只需单击工具栏上的 "快速连接" 按钮，即可连接到默认的 FTP 站点，无须进行其他选择和设置，也不用重新输入运行参数。

（2）自动重命名选项卡（Auto Renaming）。单击 "Add" 按钮，可以分别为指定的本地文件（Local）和远程文件（Remote）设置自动重命名功能。设置自动重命名，可以在上传和下载时自动为传输和接收的文件重新命名，避免覆盖同名文件。在重命名时，超级链接文件中的链接目标会自动更新，因而不会出现因重命名引起链接失败的现象。

（3）连接选项卡（Connection），用 "General" 栏的 "E-mail Address" 项设置匿名邮件地址；用 "Upon startup launch" 项设置程序启动方式，包括启动站点管理器、自动连接到 FTP 或无附加启动。

在 "DUN/LAN" 栏可选择网络连接方式，包括连接到局域网、连接到 Internet 或连到 Internet 使用的拨号连接。

在 "Firewall" 栏可选择拨号上网的 ISP 信息（包括服务器地址、登录用户名和登录密码）、连接类型和启动防火墙（Enable Firewall Access）。

在 "Socks" 栏可选择使用直接连接的方式，或者选择使用 Socks4 和 Socks5 方式；若选择使用 Socks4 和 Socks5 方式，可设置 Socks4 和 Socks5 方式的详细信息。

（4）目录导航选项卡（Directory Navigation）。可设置上传文件在本地保存的默认目录和文件下载到本地的保存位置，同时还可以设置自动刷新远程目录（Auto-refresh Remote Directory）和刷新后中止传送（Refresh After Cancelled Transfer）等选项。

（5）操作提示选项卡（Prompts）。上传文件或下载文件时，遇到同名文件可选择是否提示（Overwrite Confirmation）。选择不提示时，可预置程序的重名文件的默认处理方式，包括覆盖源文件（Overwrite）、跳过此文件（Skip）或续传更新后的文件（Resume）等。

除此之外，还可以在设置过程中选择查看文本的查看器、HTML 文件编辑器；选择登录方式，包括正常登录（Normal）、匿名登录（Anonymous）或自动选择（Double）三种方式；设置上传和下载文件时的显示颜色、运行过程中的各种提示信息等参数。设置好这些参数，对使用软件及更好地实现文件上传和下载都有很大的帮助。当然，对于大多数初级用户来说，建议全部使用软件默认设置的参数。

2. 设置登录网站的信息

相对于设置程序的运行参数环节，设置登录网站的信息更加重要，所以，软件开发者将它放在最突出的位置：第一次运行时，程序首先会自动打开站点管理器（Site Manager）对话框。

在站点管理器中，CuteFTP 在普通站点（General FTP Sites）和重要站点（Imported Sites）两个文件夹中收集了包括 CuteFTP 网站在内的很多著名的 FTP 网站地址，其中"Anonymous FTP Sites"子文件夹中有数百个世界著名的网站，从树形目录列表中选择一个网站，单击"Connect"按钮即可连接到该网站。当然，要向自己的网页上传文件，就要设置自己的站点信息，设置方法如下：单击"Wizard"按钮激活设置向导，在设置 ISP 的"Choose your ISP"项目中选择"other"并填入网站名称；填入 FTP 地址（如"http：//xxing. shangdu. net"，也可省略标志字段"http：//"或"ftp：//"，只填写网站地址，如"nhzjzxdzsw. com"）；填写用户名（User Name）和登录密码（Password），并选择使用匿名登录（Anonymous Login）和自动保存密码（Mask Password）；选择本地文件夹位置（Default Local Directory）；选择是否自动连接网页（Connect to This Site Automatically）等选项，最后单击"完成"，返回站点管理器，单击"Connect"即可直接连接上网，输入网址、用户名和密码即可登录网站，进行文件、目录上传和网站维护。

在站点管理器中选中自己的站点，单击"Edit"按钮可以修改其中的全部信息，还可以选择传输文件所用的各种参数，如传输文件的方式。可选择使用 ASCII 模式、二进制模式和自动识别模式。不同类型的文件应根据情况选择不同的上传方式。

设置好站点信息后，可单击工具栏的"站点管理器"按钮打开管理器对话框，选中站点标签，在右侧的"Label for site"栏改写站点名称，在"FTP Host Address"栏更改地址，在"FTP User Name"和"FTP site Password"栏更改用户名和密码，在"FTP site connection"栏更改服务器端口（一般都是"21"），在"Login type"栏选择登录方式（正常"Normal"、匿名"Anonymous"或两者兼用"Double"）。

对于两个文件夹中不需要的站点和子文件夹，可以在右键菜单中选择删除命令予以删除。

设置完毕后，单击"Exit"即可退回程序界面进行文件传输操作。

3. 上传和下载文件

CuteFTP 的程序界面由菜单栏、工具栏、连接状态区、本地文件区（显示本地计算机中上传或下载的目录及文件）、远程文件区（站点文件目录及文件）及传输记录区（显示文件传输进程）组成。工具栏上有 18 个工具按钮。

第一次向自己的站点上传文件，需要在登录信息栏输入站点的 URL、登录用户名和登录密码，以后可以使用"快速连接"方式跳过这个设置环节。

在本地计算机中建立文件夹（如"E：\ ly"），以合理的结构组织文件夹，将自己的网页文件保存在其中。运行 CuteFTP 并建立连接后，在"本地文件区"上的文件夹栏选择该文件夹，并选中要上传的文件和文件夹，单击按钮或选择右键快捷菜单的"Upload"即可开始上传。也可以将文件拖到该区等待上传，或将该区中的文件或文件夹拖到"远程文件区"相应的目录中进行上传。当传输记录区显示"DONE"时，表示上传完毕。

同样，选中文件后还可以查看、执行、重命名或删除及复制；可以新建目录（等同于在远程文件夹内建立目录）、改变目录，设置文件排序；也可以设置过滤条件，以便在上传或下载时选择文件，其过滤条件包括文件名、大小、属性和日期等。

4. 注意事项

（1）在选择和传输文件时，要注意文件名大小写的区别。大多数远程服务器对文件或目录名的大小写（尤其是文件扩展名）非常敏感，如果文件名的大小写不正确，就会导致连接错误或者根本无法建立连接，造成打开网页、下载文件失败。因为在编辑网页文件时，文件和文件夹名基本都是用小写，所以可以在软件运行参数设置中选择使用强制小写文件名，或者在站点管理器中选择"Edit"，在打开的对话框的"Advanced"选项卡"Upload Filenames"栏中选择"Force Lowercase"选项。

（2）在 CuteFTP 中设置好本地及远程文件夹（默认位置），登录后将自动进入指定文件夹。第一次在登录信息栏输入站点位置时，要注意本地文件夹位置用"\"格式，而在远程文件夹用"/"格式。如果每次都是向同一个远程文件夹上传文件，最好使用"快速连接"方式。

（3）对于经常更新的目录，可以在参数设置中选择文件续传方式，并设置好文件过滤。实际传输时每次都用"续传"的方式将整个文件夹上传，既可减少错误传输，又能节约大量时间。

（4）在实际上传中，使用拖动方法可以节约大量时间，但要先将上传文件拖到本地文件区，然后再从本地文件区拖到远程文件区。

 小试牛刀

请将完成的网站上传到网上。

 项目总结

在实施项目过程中，学习了网页编辑软件，涉及的知识内容与应掌握的技能有：
（1）虚拟主机。了解虚拟主机的功能。
（2）申请空间。掌握申请空间的步骤。
（3）上传资料。掌握上传软件的使用方法。

 挑战自我

申请网站空间，然后上传文件，对制作的网站进行更新和维护。要求：

（1）操作熟练、稳定。

（2）更新和维护及时。

 项目评价

针对提交的网站，填写任务评价表。

任务评价表

项 目		评 价 内 容	得 分		
制作 60 分	基本操作	1. 思路清晰，层次分明，逻辑合理 □优秀　□良好　□一般　□差			
		2. 软件使用熟练 □优秀　□良好　□一般　□差			
		3. 网站维护到位 □优秀　□良好　□一般　□差			
表达 20 分	仪表	4. 表述正确，声音洪亮，仪态自然大方 □优秀　□良好　□一般　□差			
	言辞	5. 语言精心组织，表达清晰，条理分明 □优秀　□良好　□一般　□差			
回答问题 10分		6. 能够随机应变，正确回答提问 □优秀　□良好　□一般　□差			
合 作 10分		7. 每个人都有具体的任务，配合默契，互相帮助 □优秀　□良好　□一般　□差			
总 计 得 分					

（项目名称：网站　制作者姓名）

参 考 文 献

[1] 胡标. ASP 网络编程技术与实例. 北京：清华大学出版社，2004.

[2] 赵增敏，等. ASP 动态网页设计. 北京：电子工业出版社，2003.

[3] 汪晓平，钟军. ASP 网络开发技术（第二版）. 北京：人民邮电出版社，2004.

[4] 徐国平. 网页设计与制作. 北京：机械工业出版社，2008.

[5] 徐磊. 网页制作与网站建设技术大全. 北京：清华大学出版社，2008.

[6] 余爱云. 电子商务网站建设与管理实训. 北京：北京理工大学出版社，2010.

[7] 刘红梅. 网页设计与制作 Dreamweaver CS3. 南京：江苏教育出版社，2010.

[8] 张伟. Photoshop 数码相片调色宝典. 北京：中国电力出版社，2010.

[9]［美］Adobe 公司. Adobe Dreamweaver CS5 中文版经典教材. 北京：人民邮电出版社，2011.